MATEMÁTICA

CONTEXTO & APLICAÇÕES

CADERNO DE ATIVIDADES

ENSINO MÉDIO

VOLUME ÚNICO

LUIZ ROBERTO **DANTE**

- Livre-docente em Educação Matemática pela Universidade Estadual Paulista "Júlio de Mesquita Filho" (Unesp-SP), *campus* de Rio Claro
- Doutor em Psicologia da Educação: Ensino da Matemática pela Pontifícia Universidade Católica de São Paulo (PUC-SP)
- Mestre em Matemática pela Universidade de São Paulo (USP)
- Licenciado em Matemática pela Unesp-SP – Rio Claro
- Pesquisador em Ensino e Aprendizagem da Matemática pela Unesp-SP – Rio Claro
- Ex-Professor do Ensino Fundamental e do Ensino Médio na rede pública
- Autor de livros para a Educação Básica

FERNANDO **VIANA**

- Doutor em Engenharia Mecânica pela Universidade Federal da Paraíba (UFPB)
- Mestre em Matemática pela UFPB
- Aperfeiçoamento em Docência no Ensino Superior pela Faculdade Brasileira de Ensino, Pesquisa e Extensão (Fabex)
- Licenciado em Matemática pela UFPB
- Professor efetivo do Instituto Federal de Educação, Ciência e Tecnologia da Paraíba (IFPB)
- Professor do Ensino Fundamental, do Ensino Médio e de cursos pré-vestibulares há mais de 20 anos

editora ática

editora ática

Direção geral: Guilherme Luz
Direção editorial: Luiz Tonolli e Renata Mascarenhas
Gestão de projeto editorial: Viviane Carpegiani
Gestão e coordenação de área: Ronaldo Rocha
Edição: Pamela Hellebrekers Seravalli e Marina Muniz Campelo (editoras), Sirlaine Cabrine Fernandes e Marileide Pereira Gomes (assistentes)
Gerência de produção editorial: Ricardo de Gan Braga
Planejamento e controle de produção: Paula Godo, Roseli Said e Marcos Toledo
Revisão: Hélia de Jesus Gonsaga (ger.), Kátia Scaff Marques (coord.), Rosângela Muricy (coord.), Ana Paula C. Malfa, Brenda T. de Medeiros Morais, Cesar G. Sacramento, Hires Heglan, Maura Loria e Vanessa de Paula Santos
Arte: Daniela Amaral (ger.), André Gomes Vitale (coord.) e Mauro Roberto Fernandes (edição de arte)
Diagramação: Arte4 Produção Editorial
Iconografia: Sílvio Kligin (ger.), Roberto Silva (coord.) e Douglas Cometti (pesquisa iconográfica)
Licenciamento de conteúdos de terceiros: Thiago Fontana (coord.), Flavia Zambon (licenciamento de textos), Erika Ramires, Luciana Pedrosa Bierbauer, Luciana Cardoso de Souza e Claudia Rodrigues (analistas adm.)
Tratamento de imagem: Cesar Wolf e Fernanda Crevin
Design: Gláucia Correa Koller (ger.), Aurélio Camilo (proj. gráfico), Aurélio Camilo (capa)
Foto de capa: Pascal Deloche/GODONG/Getty Images

Avenida das Nações Unidas, 7221, 3º andar, Setor A
Pinheiros – São Paulo – SP – CEP 05425-902
Tel.: 4003-3061
www.atica.com.br / editora@atica.com.br

2022

Código da obra CL 740242
CAE 627994 (AL) / 627995 (PR)
4ª edição
5ª impressão

Impressão e acabamento: Bercrom Gráfica e Editora

Uma publicação SOMOS EDUCAÇÃO

SUMÁRIO

UNIDADE 1 NÚMEROS E FUNÇÕES

CAPÍTULO 1 ▪ REVISÃO

1. (PUC-RJ) Assinale a alternativa correta.

a) $2\sqrt{16} = \sqrt{32}$

b) $\sqrt{50} - \sqrt{32} = \sqrt{2}$

c) $\sqrt{2} + \sqrt{3} = \sqrt{5}$

d) $\sqrt{2} + \sqrt{3} = \sqrt{5 + \sqrt{2}}$

e) $5\sqrt{2} + 2\sqrt{2} = 14$

2. (ESPM-SP) O valor da expressão $\sqrt{x + \frac{1}{x} + 2}$ para $x = 400$ é igual a:

a) 20,05. **b)** 20,50. **c)** 20,10. **d)** 20,01. **e)** 20,15.

3. (Unitau-SP) O valor de A, dado que $A = \frac{-x^4 + y^4}{x^3 - x^2y + xy^2 - y^3}$, quando **x** e **y** assumem os valores 1110 e 1120, respectivamente, é:

a) 2150. **b)** −2230. **c)** 1. **d)** −1. **e)** 150.

4. O pai de Joãozinho o desafiou a registrar em uma calculadora a idade dele, 54 anos, usando apenas as teclas de adição e de multiplicação e os números ímpares e apertando a tecla com o símbolo de igualdade uma única vez para obter o resultado final. Qual é o número mínimo de teclas que Joãozinho deve pressionar?

a) 5

b) 6

c) 7

d) 8

e) 9

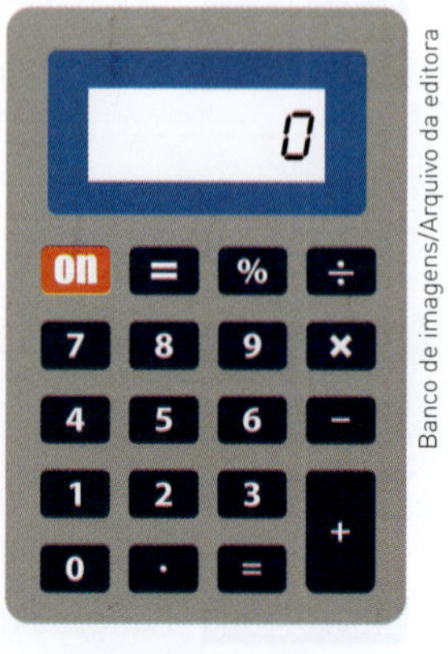

Banco de imagens/Arquivo da editora

5. (Uniube-MG) É comum, na Matemática, escrever um número em função de outro. Esse tipo de relação permite, muitas vezes, simplificar a escrita matemática, facilitando, assim, as operações algébricas. Vamos ver se você domina esse artifício matemático?

Sendo $a = -x$, $b = \frac{x}{2}$ e $c = 2x$, a expressão $a^2b + abc + ab^2$ tem como resultado:

a) $-\frac{5}{4}x^3$. **b)** $-\frac{3}{4}x^3$. **c)** $\frac{1}{3}x^3$. **d)** $\frac{1}{2}x^3$. **e)** $-\frac{1}{4}x^3$.

6. Marcelo é fascinado por números. Como senha em um arquivo do computador, ele colocou o resultado da seguinte expressão: $(987\,654\,321 \cdot 9 - 1) + (123\,456\,789 \cdot 9 + 10) + 1 + (111\,111)^2 - 1\,010$.

Para poder lembrar a senha, ele escreveu algumas observações interessantes sobre produtos de números inteiros. Veja:

$1 \cdot 8 + 1 = 9$ $12 \cdot 8 + 2 = 98$ $123 \cdot 8 + 3 = 987$ $1\,234 \cdot 8 + 4 = 9\,876$ $12\,345 \cdot 8 + 5 = 98\,765$ $123\,456 \cdot 8 + 6 = 987\,654$ $1\,234\,567 \cdot 8 + 7 = 9\,876\,543$ $12\,345\,678 \cdot 8 + 8 = 98\,765\,432$ $123\,456\,789 \cdot 8 + 9 = 987\,654\,321$	$9 \cdot 9 + 7 = 88$ $98 \cdot 9 + 6 = 888$ $987 \cdot 9 + 5 = 8\,888$ $9\,876 \cdot 9 + 4 = 88\,888$ $98\,765 \cdot 9 + 3 = 888\,888$ $987\,654 \cdot 9 + 2 = 8\,888\,888$ $9\,876\,543 \cdot 9 + 1 = 88\,888\,888$ $98\,765\,432 \cdot 9 + 0 = 888\,888\,888$
$1 \cdot 9 + 2 = 11$ $12 \cdot 9 + 3 = 111$ $123 \cdot 9 + 4 = 1\,111$ $1\,234 \cdot 9 + 5 = 11\,111$ $12\,345 \cdot 9 + 6 = 111\,111$ $123\,456 \cdot 9 + 7 = 1\,111\,111$ $1\,234\,567 \cdot 9 + 8 = 11\,111\,111$ $12\,345\,678 \cdot 9 + 9 = 111\,111\,111$	$1 \cdot 1 = 1$ $11 \cdot 11 = 121$ $111 \cdot 111 = 12\,321$ $1\,111 \cdot 1\,111 = 1\,234\,321$ $11\,111 \cdot 11\,111 = 123\,454\,321$ $111\,111 \cdot 111\,111 = 12\,345\,654\,321$ $1\,111\,111 \cdot 1\,111\,111 = 1\,234\,567\,654\,321$ $11\,111\,111 \cdot 11\,111\,111 = 123\,456\,787\,654\,321$ $111\,111\,111 \cdot 111\,111\,111 = 12\,345\,678\,987\,654\,321$

Fazendo uso dessas observações, identifique qual é a senha do arquivo.

a) 12345654321
b) 88888888888
c) 11111111111
d) 987654321
e) 123456789

7. (Cefet-RJ) Alex, Beatriz e Camila foram convidados a fazerem afirmações sobre o número $N = 2^{50} + 4^{20}$:

- Alex afirmou que N é múltiplo de 8;
- Beatriz afirmou que metade de N é igual a $2^{25} + 4^{10}$;
- Camila afirmou que N é par.

Quantas das afirmações feitas pelos participantes são verdadeiras?

a) 0
b) 1
c) 2
d) 3

CAPÍTULO 2 ▪ CONJUNTOS E CONJUNTOS NUMÉRICOS

8. (PUC-GO) A Teoria dos Conjuntos é o ramo da Matemática que estuda as coleções de elementos ou objetos. Essa teoria começa com uma fundamental relação binária entre um objeto **o** e um conjunto A. Se **o** é um membro (ou elemento) de A, escrevemos **o** $\in$ A. Uma vez que conjuntos são objetos, a relação de pertinência também pode relacionar conjuntos. Se todos os elementos de um conjunto A também são elementos de um conjunto B, então denotamos que $A \subset B$. Representamos por $\varnothing$ (conjunto vazio) o conjunto sem elementos. Observe as seguintes relações entre conjuntos:

I. $\{a, a, b, c\} = \{a, b, c\}$;
II. $\{a\} \in \{a, \{a\}\}$;
III. $\{a\} \subset \{\{a\}\}$;
IV. $\varnothing \in \{\varnothing\}$;
V. $\varnothing \subset \{\varnothing\}$.

Com base no enunciado e em seus conhecimentos sobre a Teoria dos Conjuntos, assinale a afirmativa correta.

a) Somente as relações I, II, IV e V são verdadeiras.
b) Somente as relações II, III, IV e V são verdadeiras.
c) Somente as relações II, IV e V são verdadeiras.
d) Todas as relações são verdadeiras.

9. (Unifor-CE) A professora de matemática de um colégio de Fortaleza, ao arguir um dos seus alunos em uma prova oral, pediu que o mesmo representasse na forma do Diagrama de Venn a sentença $(A \cap B^c)$, onde A e B são dois conjuntos arbitrários. Qual dos diagramas abaixo o aluno deve representar para responder à pergunta da professora?

a)
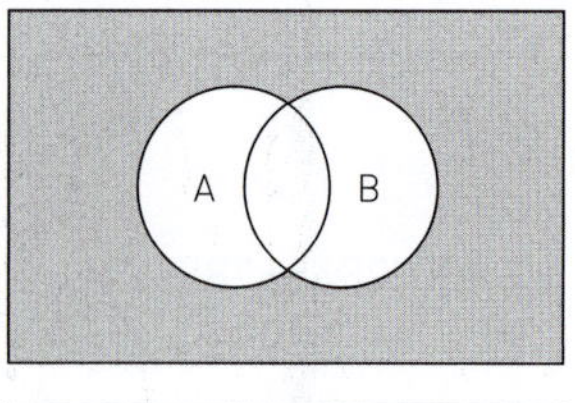

b)
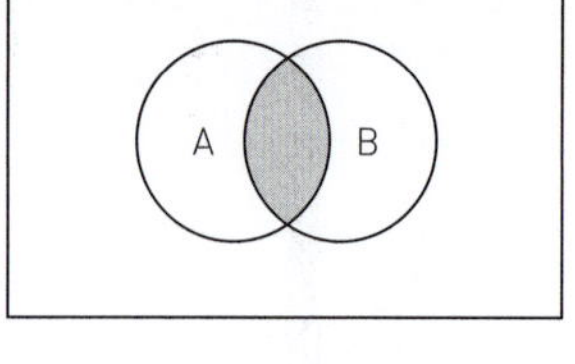

c)
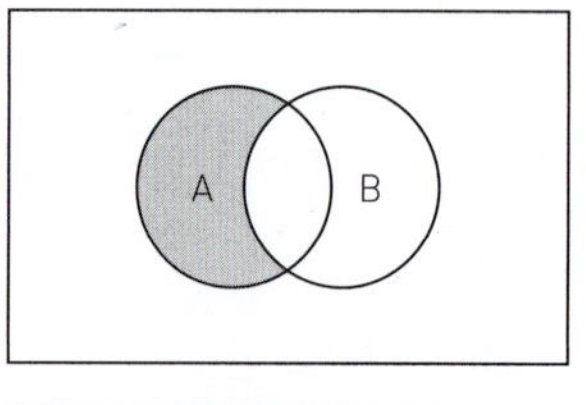

d)
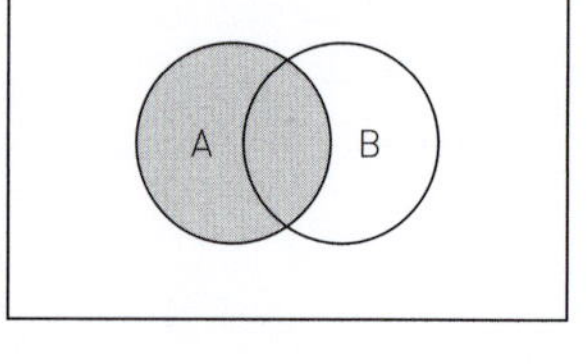

e)
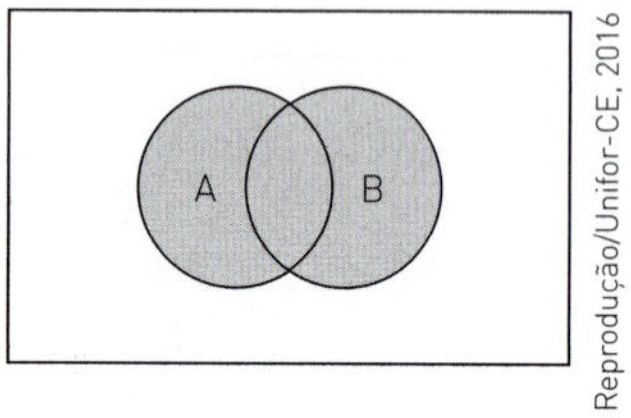

Ilustrações: Reprodução/Unifor-CE, 2016

10. Leia o texto a seguir.

Novas tecnologias facilitam a aprendizagem escolar

Um dos maiores enfrentamentos na formação de futuros professores é integrar as tecnologias à educação, principalmente unindo os conhecimentos técnico-pedagógicos de forma interdisciplinar. [...] Embora as tecnologias tenham um papel importante no ensino-aprendizagem, "sempre será necessário um professor para dar conhecimento científico aos alunos, propiciar aos alunos a mediação do conhecimento".

João Prudente/Pulsar Imagens

BRASIL. *Educação*. Disponível em: <http://www.brasil.gov.br/educacao/2014/07/novas-tecnologias-facilitam-aprendizagem-escolar>. Acesso em: 2 abr. 2018.

Em uma pesquisa com alunos de uma escola, foram obtidas as seguintes informações:

- 65% têm *notebook*;
- 50% têm *tablet*;
- 30% têm *tablet* e também *notebook*.

Sabendo que nessa escola há 45 alunos que não têm *notebook* nem *tablet*, o número de alunos dela é:

a) 300. **b)** 350. **c)** 400. **d)** 450. **e)** 500.

11. Leia o texto abaixo.

Após uma década e meia de mudanças vertiginosas desencadeadas pela rápida transformação tecnológica, a mídia impressa vislumbra um novo modelo de negócios capaz de garantir sua sustentabilidade a longo prazo. Reunidos nos últimos três dias na capital americana, para o 67º Congresso da Associação Mundial de Jornais e Editores (WAN-Ifra, na sigla em inglês), editores, administradores, consultores e acadêmicos convergiram para uma fórmula: sofisticação do produto entregue em papel e agressividade nas plataformas digitais, especialmente celulares e tablets.

Fernando Favoretto/Criar Imagem

O GLOBO. *Economia*. Disponível em: <https://oglobo.globo.com/economia/jornais-apostam-em-sofisticacao-no-impresso-expansao-do-digital-16350960>. Acesso em: 2 abr. 2018.

Em uma pesquisa de opinião, foram obtidos estes dados:

- 35% dos entrevistados leem o jornal A;
- 30% dos entrevistados leem o jornal B;
- 40% dos entrevistados leem o jornal C;
- 15% dos entrevistados leem os jornais A e B;
- 13% dos entrevistados leem os jornais A e C;
- 12% dos entrevistados leem os jornais B e C;
- 5% dos entrevistados leem os 3 jornais;
- 1 500 pessoas entrevistadas não leem nenhum dos 3 jornais.

Considerando-se estes dados, é correto afirmar que o número total de entrevistados foi:

a) 4 200.
b) 4 500.
c) 5 000.
d) 5 350.
e) 5 500.

12. (UEPG-PR) Os N alunos de uma turma realizaram uma prova com apenas duas questões. Sabe-se que 37 alunos acertaram somente uma das questões, 33 acertaram a primeira questão, 18 erraram a segunda e 20 alunos acertaram as duas questões. Se nenhum aluno deixou questão em branco, assinale o que for correto.

01. N é um número múltiplo de 4.

02. 30 alunos erraram a primeira questão.

04. $N > 60$.

08. 5 alunos erraram as duas questões.

13. (UEG-GO) Em uma pesquisa realizada com 35 moradores na periferia de uma grande cidade para saberem a modalidade de leitura que realizam regularmente entre jornal, revista e outros livros, foi constatado que: 15 pessoas leem jornal, 17 pessoas leem revista, 14 pessoas leem outros livros, 7 pessoas leem jornal e revista, 6 pessoas leem revista e outros livros, e 5 pessoas leem jornal, revistas e outros livros. Diante dessas informações verifica-se que:

a) 5 pessoas não leem nenhuma das três modalidades.

b) 4 pessoas não leem nenhuma das três modalidades.

c) 3 pessoas não leem nenhuma das três modalidades.

d) 2 pessoas não leem nenhuma das três modalidades.

e) 1 pessoa não lê nenhuma das três modalidades.

14. (FGV-SP) Observe o diagrama com 5 organizações intergovernamentais de integração sul-americana:

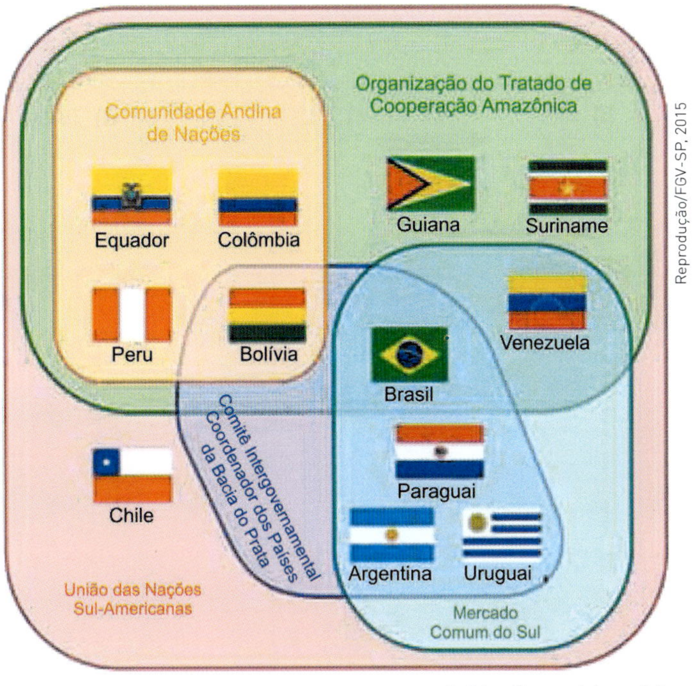

(wikipedia.org. Adaptado)

Dos 12 países que compõem esse diagrama, integram exatamente 3 das organizações apenas:

a) 4. **b)** 5. **c)** 6. **d)** 7. **e)** 8.

15. Leia:

O administrador ou gestor público tem como função organizar as instituições públicas. De forma geral ele trabalha na área governamental (governo federal, governos estaduais e governos municipais) cujo acesso se dá por meio de concursos públicos.

Quando são especificadas as formações para os concursos, não são distinguidos os administradores dos administradores públicos. Logicamente o conteúdo exigido nas provas envolve temas que o administrador em geral não obteve de forma aprofundada como o administrador público.

Este também pode trabalhar em Organizações Não Governamentais (ONGs), pois estas costumam se relacionar com o poder público, além de terem mais condições de gerenciar instituições sem fins lucrativos tal como na área governamental. O profissional domina as normas e [os] regulamentos estabelecidos pelos governos para a obtenção de financiamentos e realização de acordos.

Dá para pensar na possibilidade de uma formação de administração pública e, caso interessar, buscar uma especialização numa área do mercado privado e vice-versa. Ou ter uma formação como administrador de empresas e fazer uma pós-graduação em assuntos da área pública.

GUIA DO ESTUDANTE. *Orientação profissional*. Disponível em: <https://guiadoestudante.abril.com.br/orientacao-profissional/administracao-publica-ou-administracao/>. Acesso em: 2 abr. 2018.

Em certo ano, ao analisar os dados dos candidatos ao curso de graduação em Administração, nas modalidades Administração de Empresas e Administração Pública, observou-se que:

- 70% do número total de candidatos optou pela modalidade Administração de Empresas;
- 55% do número total de candidatos era do sexo masculino;
- 50% do número de candidatos à modalidade Administração de Empresas era do sexo masculino;
- 72 mulheres optaram pela modalidade Administração Pública.

O número de candidatos do sexo masculino à modalidade Administração Pública foi:

a) 93. **b)** 125. **c)** 132. **d)** 144. **e)** 158.

16. (Unirv-GO) Um cinema estuda a possibilidade de colocar em cartaz três gêneros de filmes: comédia, ficção e romance todos os fins de semana. Para isso, realizou uma pesquisa de mercado com 120 pessoas e obteve os seguintes resultados:

- 42 preferem comédia;
- 16 preferem comédia e ficção;
- 18 preferem ficção e romance;
- 12 preferem comédia e romance;
- 10 preferem os três gêneros;
- 18 não gostam de nenhum deles.

Sabendo-se que o número de pessoas que preferem ficção é o dobro do número de pessoas que preferem romance, considere as alternativas abaixo e assinale (V) para as verdadeiras e (F) para as falsas.

a) 68 gostam de romance ou de comédia.

b) 88 não gostam de romance.

c) 26 pessoas preferem comédia e não gostam de ficção.

d) 94 pessoas preferem apenas um dos gêneros de filmes.

17. (Uepa) Considere A o conjunto formado pelos números utilizados no sistema de contagem dos waimiriatroari, ou seja, $A = \{1, 2, 3, 4, 5\}$. Nestas condições, o número de elementos da relação $R_1 = \{(x, y) \in A \times A \mid y \geq x\}$ é igual a:

a) 5. **b)** 10. **c)** 15. **d)** 20. **e)** 25.

CAPÍTULO 3 ▪ FUNÇÕES

18. (Enem) Os congestionamentos de trânsito constituem um problema que aflige, todos os dias, milhares de motoristas brasileiros. O gráfico ilustra a situação, representando, ao longo de um intervalo definido de tempo, a variação da velocidade de um veículo durante um congestionamento.

Quantos minutos o veículo permaneceu imóvel ao longo do intervalo de tempo total analisado?

a) 4

b) 3

c) 2

d) 1

e) 0

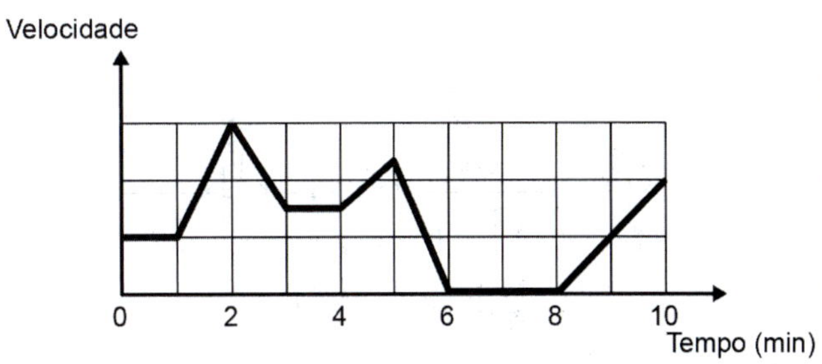

19. (Ufscar-SP) Uma pessoa com 80 kg de massa corporal registrou sua massa sempre no primeiro dia de cada mês, durante alguns meses, conforme mostra o gráfico.

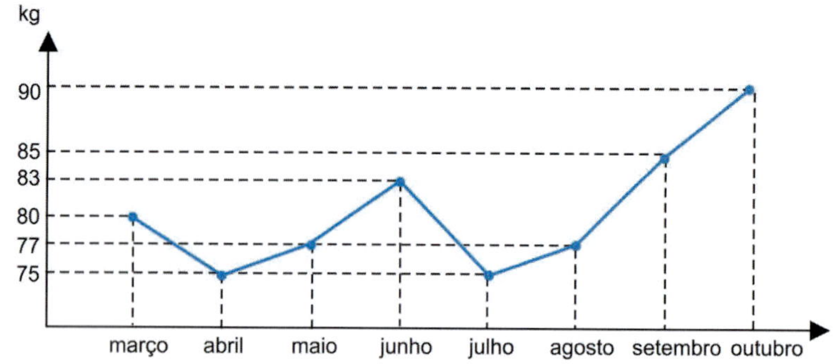

De acordo com o gráfico, o maior aumento mensal de massa corporal dessa pessoa, em kg, foi:

a) 9.

b) 8.

c) 7.

d) 6.

e) 5.

20. (UFU-MG) Controlar a conta de telefone celular não é uma tarefa fácil. A tarifação pode depender de certos detalhes, como o tempo de duração da chamada; o horário da ligação; se é DDD (discagem direta à distância) ou DDI (discagem direta internacional); se o número de destino é de telefone fixo ou móvel; se é da operadora que você usa ou de outra.

Ana usa uma conta de celular da operadora Fale Bem, exclusivamente para chamadas locais, sendo que as ligações locais são cobradas por chamadas e não por minuto, com tarifação de acordo com a tabela que segue:

TABELA DE TARIFAS
Ligações a R$ 0,12, por chamada, válidas para qualquer celular ou fixo da operadora FALE BEM;
Ligações a R$ 0,20, por chamada, válidas para chamadas locais (celular ou fixo) para outras operadoras;
SMS ao custo de R$ 0,50, por dia, válido para celulares da operadora FALE BEM;
Uso de internet por R$ 0,50 por dia que utilizar.
SMS ao custo de R$ 0,20/mensagem para outras operadoras.

Suponha que Ana faça **x** chamadas mensais, sendo 70% para telefones da operadora Fale Bem e 30% para telefones de outras operadoras. Suponha ainda que mande diariamente SMS para celulares da operadora Fale Bem e que acesse diariamente a internet.

Nessas condições, a expressão algébrica $C = C(x)$, que representa, em reais, seu gasto com o celular ao final de um mês comercial de 30 dias satisfaz a equação:

a) $C - 30 + 0{,}144x = 0$.

b) $C - 30 - 0{,}176x = 0$.

c) $1000C - 30000 - 144x = 0$.

d) $100C - 30000 - 176x = 0$.

21. (Unicamp-SP) Seja $f(x)$ uma função tal que para todo número real **x** temos que $x\,f(x-1) = (x-3)f(x) + 3$. Então, $f(1)$ é igual a:

a) 0.

b) 1.

c) 2.

d) 3.

22. (Enem) A água para o abastecimento de um prédio é armazenada em um sistema formado por dois reservatórios idênticos, em formato de bloco retangular, ligados entre si por um cano igual ao cano de entrada, conforme ilustra a figura.

A água entra no sistema pelo cano de entrada no reservatório 1 a uma vazão constante e, ao atingir o nível do cano de ligação, passa a abastecer o reservatório 2. Suponha que, inicialmente, os dois reservatórios estejam vazios.

Qual dos gráficos melhor descreverá a altura **h** do nível da água no reservatório 1, em função do volume V da água no sistema?

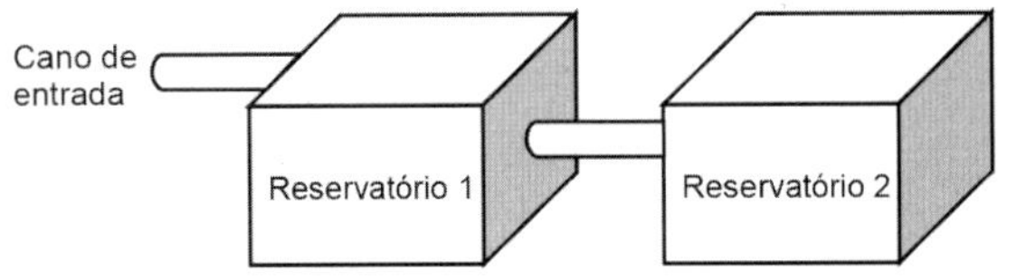

a)

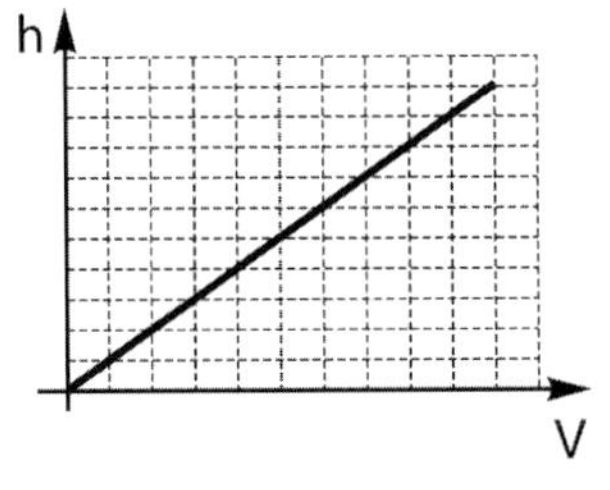

b)

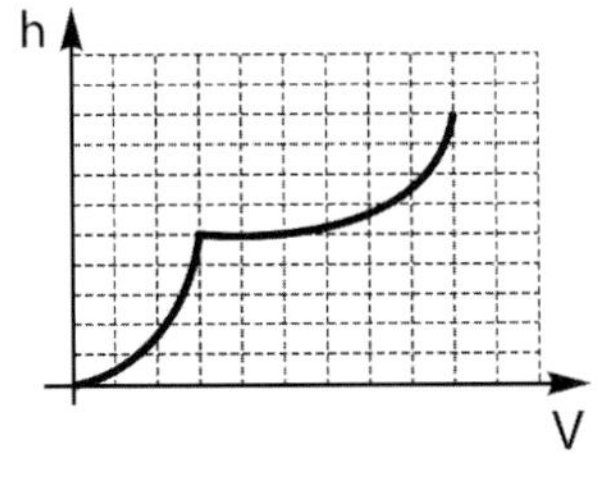

c)

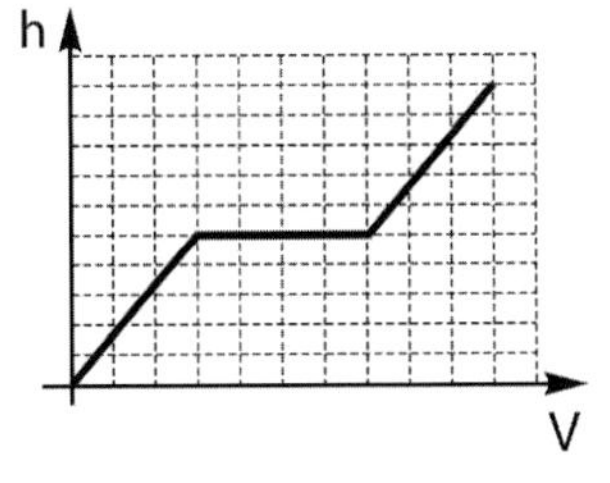

d)

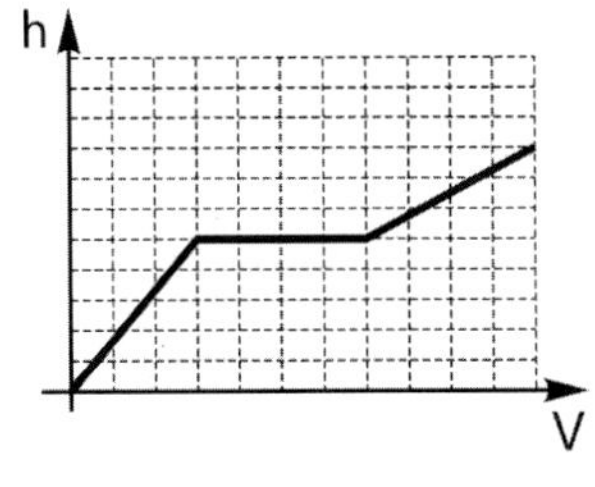

e)

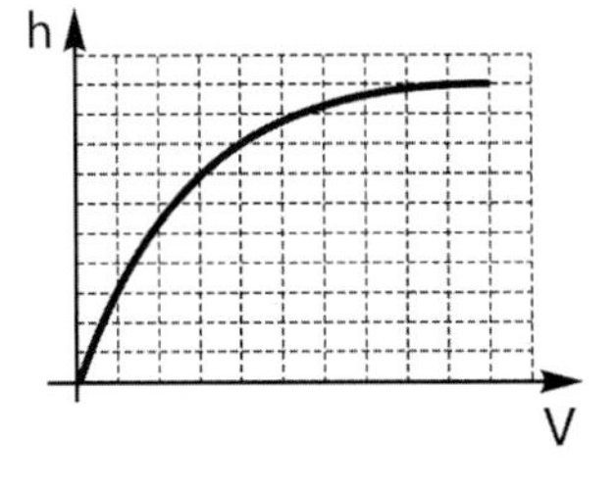

UNIDADE 2 FUNÇÃO AFIM E FUNÇÃO QUADRÁTICA

CAPÍTULO 4 ▪ FUNÇÃO AFIM

23. (Uerj) Os veículos para transporte de passageiros em determinado município têm vida útil que varia entre 4 e 6 anos, dependendo do tipo de veículo. Nos gráficos está representada a desvalorização de quatro desses veículos ao longo dos anos, a partir de sua compra na fábrica.

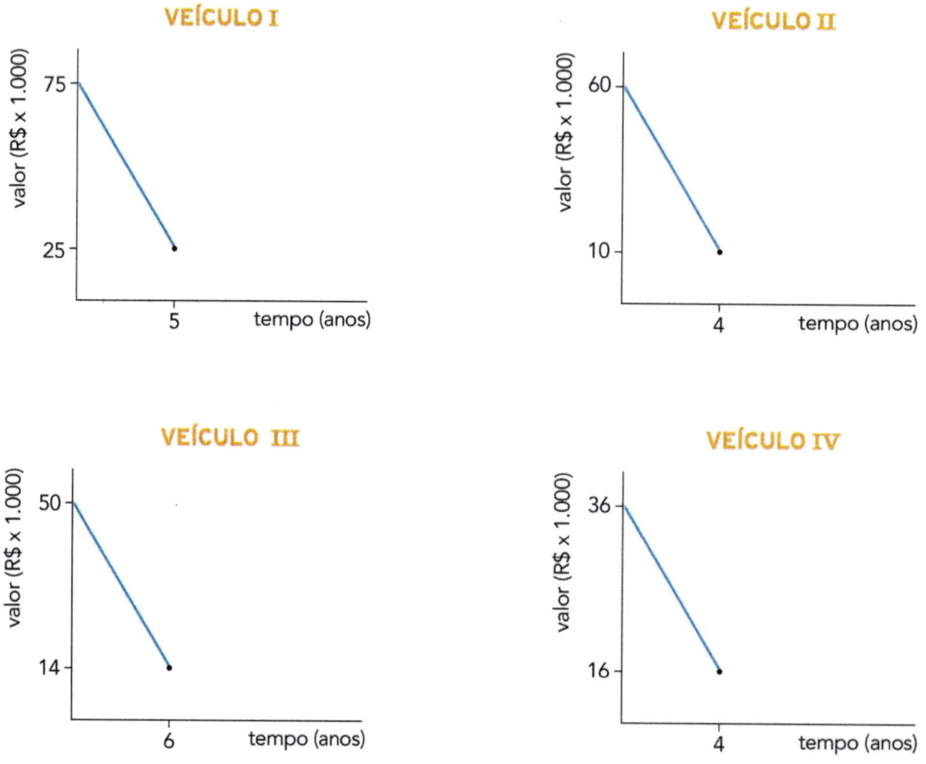

Ilustrações: Reprodução/Uerj, 2017

Com base nos gráficos, o veículo que mais desvalorizou por ano foi:

a) I. **b)** II. **c)** III. **d)** IV.

24. O "peso" de Amarílio atingiu os 3 dígitos e, para se preparar para uma cirurgia, ele precisa reduzir esse número. O médico lhe receitou uma dieta em que ele vai perder 1,5 kg por mês. Determine qual é a função que representa o "peso" P de Amarílio em função do número **n** de bimestres decorridos após o início da dieta.

a) $P(n) = 100 - 1{,}5n$
b) $P(n) = 1{,}5n + 100$
c) $P(n) = 3n - 100$
d) $P(n) = 100 - 3n$
e) $P(n) = 100$

25. (ESPM-SP) O gráfico abaixo mostra a variação da temperatura no interior de uma câmara frigorífica desde o instante em que foi ligada. Considere que essa variação seja linear nas primeiras 2 horas.

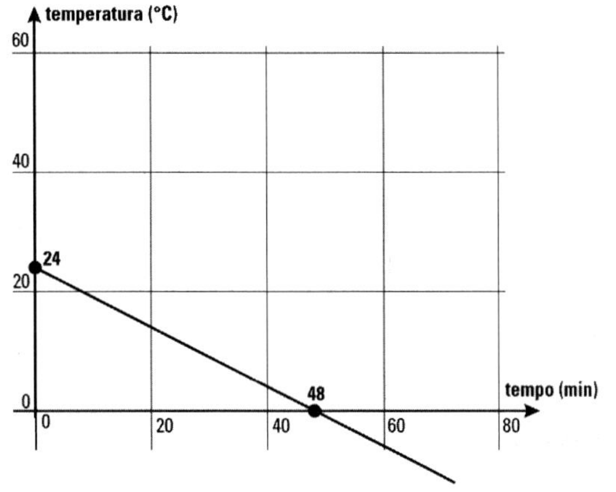

Reprodução/ESPM-SP, 2017

O tempo necessário para que a temperatura atinja −18 °C é de:

a) 90 min.
b) 84 min.
c) 78 min.
d) 88 min.
e) 92 min.

26. (Unicamp-SP) O gráfico abaixo exibe o lucro líquido (em milhares de reais) de três pequenas empresas A, B e C, nos anos de 2013 e 2014.

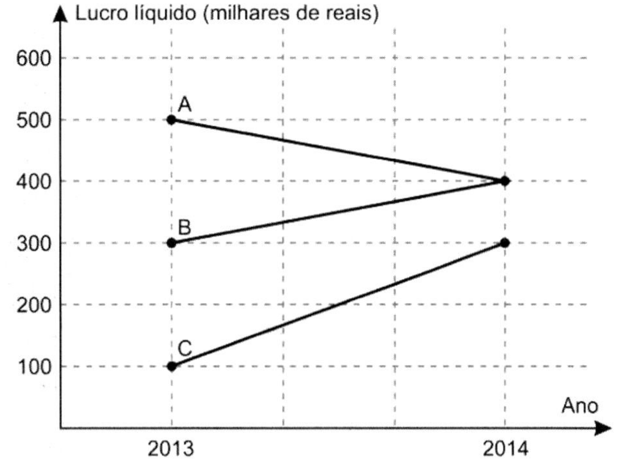

Reprodução/Unicamp-SP, 2016

Com relação ao lucro líquido, podemos afirmar que:

a) A teve um crescimento maior do que C.
b) C teve um crescimento maior do que B.
c) B teve um crescimento igual a A.
d) C teve um crescimento menor do que B.

27. (UCS-RS) O custo total C, em reais, de produção de **x** kg de certo produto é dado pela expressão $C(x) = 900x + 50$. O gráfico ao lado é o da receita R, em reais, obtida pelo fabricante, com a venda de **x** kg desse produto.

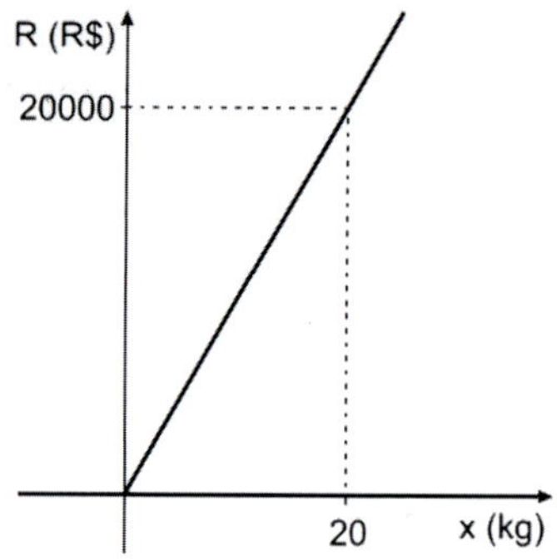

Qual porcentagem da receita obtida com a venda de 1 kg do produto é lucro?

a) 5%
b) 10%
c) 12,5%
d) 25%
e) 50%

28. (Enem) O percentual da população brasileira conectada à internet aumentou nos anos de 2007 a 2011. Conforme dados do Grupo Ipsos, essa tendência de crescimento é mostrada no gráfico.

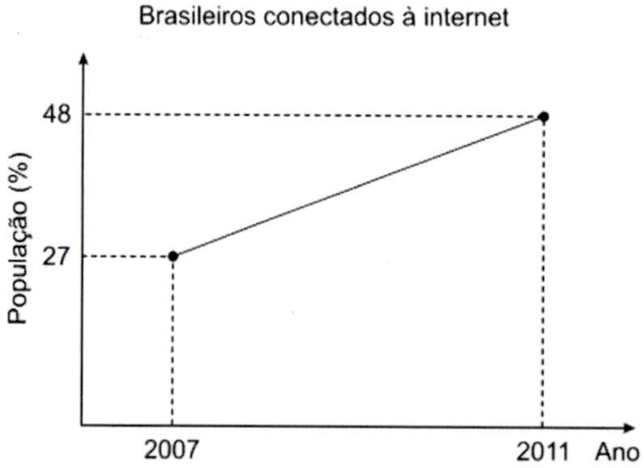

Suponha que foi mantida, para os anos seguintes, a mesma taxa de crescimento registrada no período 2007-2011.

A estimativa para o percentual de brasileiros conectados à internet em 2013 era igual a:

a) 56,40%.
b) 58,50%.
c) 60,60%.
d) 63,75%.
e) 72,00%.

29. (Ibmec-SP) Um determinado *smartphone*, com 10% de bateria restante, foi conectado a uma tomada de energia e necessitará de 3 horas ininterruptas de recarga para que sua bateria atinja 100% de carga, desde que se utilizem apenas suas funções essenciais. No entanto, logo que o *smartphone* foi conectado à tomada, seu usuário continuou utilizando-o por 1 hora para ouvir músicas. Na hora seguinte, o usuário parou de ouvi-las e decidiu jogar em seu *smartphone*. Após esse período, optou por deixá-lo terminar a recarga, utilizando apenas suas funções essenciais.

Dado que o fato de ouvir músicas e jogar durante o carregamento faz com que o percentual de recarga por hora seja igual a, respectivamente, $\frac{9}{10}$ e $\frac{4}{5}$ daquele obtido quando se utilizam apenas as funções essenciais do *smartphone*, o gráfico que representa corretamente o percentual de bateria do *smartphone* em relação ao tempo dessa recarga é:

a)
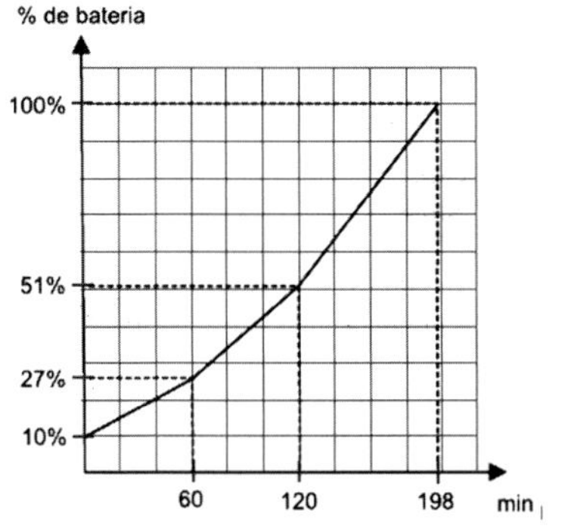

b)
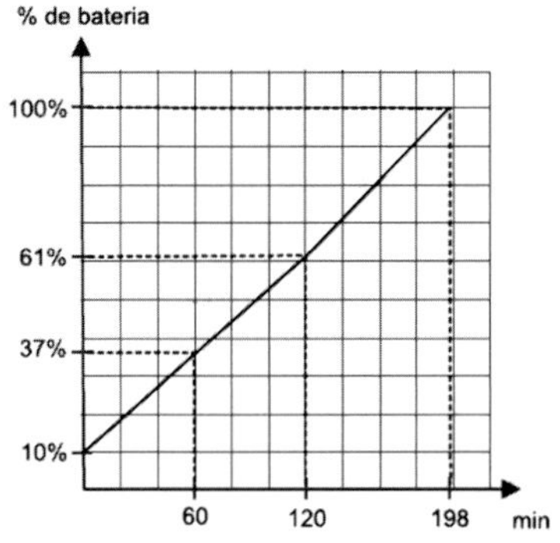

c)
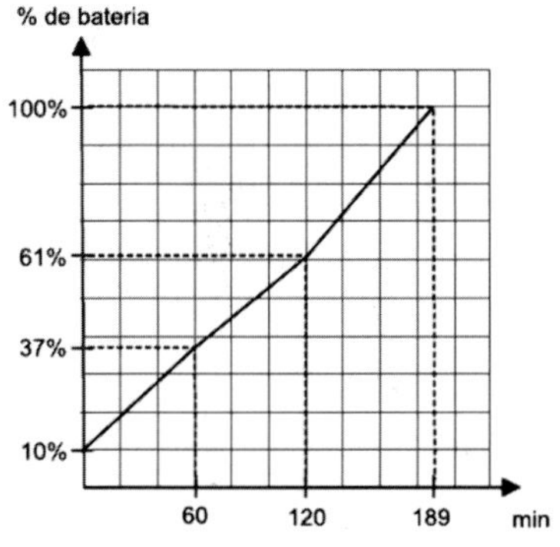

d)
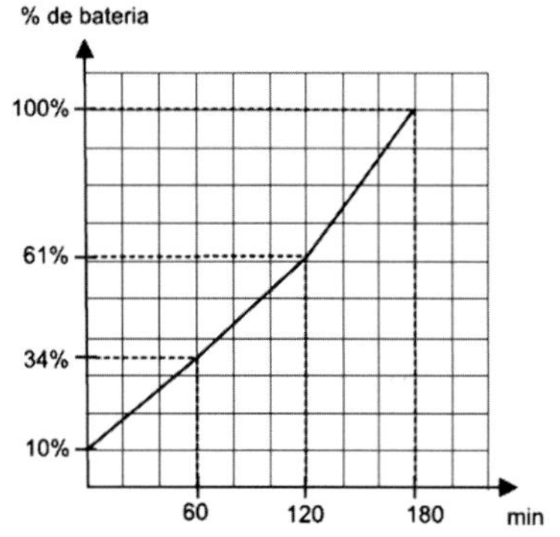

e)
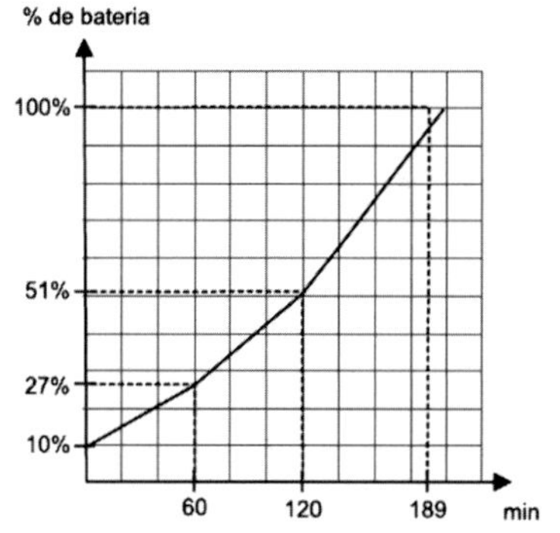

Ilustrações: Reprodução/Ibmec-SP, 2017

30. (Uepa)

O caos no trânsito começa alastrar-se por todo país. Um estudo do Observatório das Metrópoles, órgão ligado ao Instituto Nacional de Ciência e Tecnologia, aponta que, em dez anos (de 2001 a 2011), a frota das 12 principais regiões metropolitanas do país cresceu, em média, 77,8%. São Paulo, por exemplo, que tem hoje cerca de 11,4 milhões de habitantes e uma frota de 4,8 milhões de automóveis, acrescenta, mensalmente, 22 000 veículos em sua frota ativa nas ruas.

Texto Adaptado: *National Geographic Scientific* – Brasil, "Cidades Inteligentes". Edição Especial.

Considerando que a população de São Paulo permaneça constante, assim como a quantidade de automóveis acrescentada mensalmente, o número de veículos da frota paulista atingirá 50% do número de habitantes, aproximadamente, em:

a) 2,0 anos. **b)** 2,5 anos. **c)** 3,0 anos. **d)** 3,5 anos. **e)** 4,0 anos.

31. (Epcar-MG) O gráfico ao lado é de uma função polinomial do 1º grau e descreve a velocidade **v** de um móvel em função do tempo **t**:

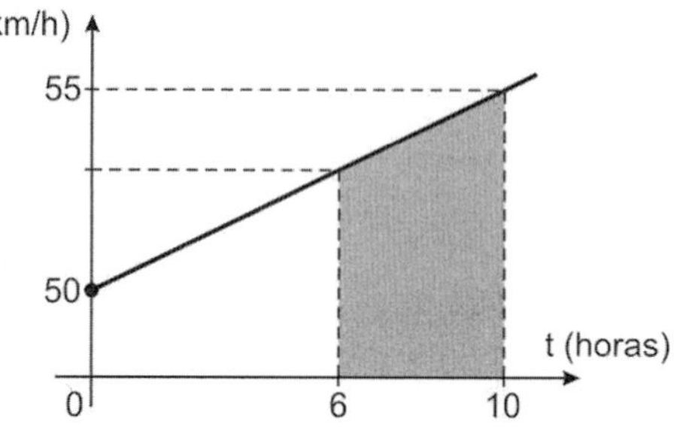

Assim, no instante t = 10 horas o móvel está a uma velocidade de 55 km/h por exemplo. Sabe-se que é possível determinar a distância que o móvel percorre calculando a área limitada entre o eixo horizontal **t** e a semirreta que representa a velocidade em função do tempo. Desta forma, a área hachurada no gráfico fornece a distância, em km, percorrida pelo móvel do instante 6 a 10 horas.

É correto afirmar que a distância percorrida pelo móvel, em km, do instante 3 a 9 horas é de:

a) 318. **b)** 306. **c)** 256. **d)** 212.

32. (UPF-RS) João resolveu fazer um grande passeio de bicicleta. Saiu de casa e andou calmamente, a uma velocidade (constante) de 20 quilômetros por hora. Meia hora depois de ele partir, a mãe percebeu que ele havia esquecido o lanche. Como sabia por qual estrada o filho tinha ido, pegou o carro e foi à procura dele a uma velocidade (constante) de 60 quilômetros por hora. A distância que a mãe percorreu até encontrar João e o tempo que ela levou para encontrá-lo foram de:

a) 10 km e 30 min.
b) 15 km e 15 min.
c) 20 km e 15 min.
d) 20 km e 30 min.
e) 20 km e 1 h.

CAPÍTULO 5 ▪ FUNÇÃO QUADRÁTICA

33. (Mack-SP) Os gráficos de $f(x) = 2|x^2 - 4|$ e $g(x) = (x - 2)^2$ se interceptam em:

a) apenas um ponto.
b) dois pontos.
c) três pontos.
d) quatro pontos.
e) nenhum ponto.

34. (UEFS-BA) Considerando-se a equação $x^2 - 5x + 6 = |x - 3|$, tem-se que a soma de suas raízes [distintas] é:

a) 0. **b)** 1. **c)** 2. **d)** 3. **e)** 4.

35. (Uece) Se as raízes da equação $x^2 - 5|x| - 6 = 0$ são também raízes de $x^2 - ax - b = 0$, então os valores dos números reais **a** e **b** são respectivamente:

a) −1 e 6. **b)** 5 e 6. **c)** 0 e 36. **d)** 5 e 36.

36. (FGV-RJ) Na resolução de um problema que recaía em uma equação do 2º grau, um aluno errou apenas o termo independente da equação e encontrou como raízes os números 2 e −14. Outro aluno, na resolução do mesmo problema, errou apenas o coeficiente do termo de primeiro grau e encontrou como raízes os números 2 e 16.

As raízes da equação correta eram:

a) −2 e −14.
b) −4 e −8.
c) −2 e 16.
d) −2 e −16.
e) 4 e 14.

37. (Acafe-SC) Uma biblioteca possui 300 livros, todos do mesmo tamanho. Um funcionário pretende dividi-los igualmente entre as prateleiras da loja. Sabendo que, se os livros forem igualmente divididos entre 3 prateleiras a menos, cada prateleira receberá 5 livros a mais do que o previsto inicialmente. Assim, o número de prateleiras para colocar todos os livros é:

a) múltiplo de 4. **b)** múltiplo de 3. **c)** entre 10 e 12. **d)** maior que 20.

38. Um grupo de **n** turistas contratou um passeio náutico pelo litoral do Nordeste por R$ 576,00. Esse custo deveria ser distribuído igualmente entre todos os integrantes do grupo. Porém, no momento do embarque, verificou-se que 4 dos integrantes desistiram do passeio, o que gerou um acréscimo de R$ 24,00 na contribuição de cada um dos que embarcaram. Determine em qual dos intervalos se encontra o valor de **n**.

a) $6 \leqslant n \leqslant 8$ **c)** $12 \leqslant n \leqslant 14$ **e)** $18 \leqslant n \leqslant 20$

b) $9 \leqslant n \leqslant 11$ **d)** $15 \leqslant n \leqslant 17$

39. (Unifor-CE) A função oferta relaciona preço (em reais) e quantidade **q** (em unidades) ofertadas de uma mercadoria e descreve o comportamento do produtor. O consumidor tem comportamento determinado pela função demanda que é uma relação entre a quantidade demandada **d** (em unidades) e o preço da mercadoria **p** (em reais). Dadas as funções $q = 4p - 3$, e $q = \dfrac{120}{p + 10} - 5$, respectivamente oferta e demanda para certa mercadoria, podemos afirmar que o preço correspondente a iguais quantidades de demanda e de oferta está entre:

a) 1 e 2,9. **b)** 3 e 4,9. **c)** 5 e 6,9. **d)** 7 e 8,9. **e)** 9 e 10,9.

40. Em uma instrução militar de natureza teórica, o instrutor afirma que a medida da altura de um projétil disparado por um pequeno canhão é dada pelo gráfico da função quadrática definida por $H(t) = -5t^2 + 80t + 1$, em que **t** é dado em segundos e $H(t)$ é a medida da altura do projétil, em relação ao solo, em metros.

Além disso, o instrutor afirma que a altura máxima atingida pelo projétil mede 321 m e é alcançada 8 segundos após o disparo. Ele afirma ainda que todas as alturas menores do que a máxima são atingidas em t_1 e t_2, dois momentos da trajetória.

Podemos afirmar que o projétil atinge 76 m de medida de altura nos momentos t_1 e t_2, cuja diferença $t_1 - t_2$ é igual a:

a) 12 s. **b)** 13 s. **c)** 14 s. **d)** 15 s. **e)** 16 s.

41. (EBMSP-BA) Uma larva é um animal em estado de desenvolvimento que já abandonou o ovo e que pode se alimentar sozinho, mas que ainda não desenvolveu a forma e a organização que caracterizam os adultos da sua espécie.

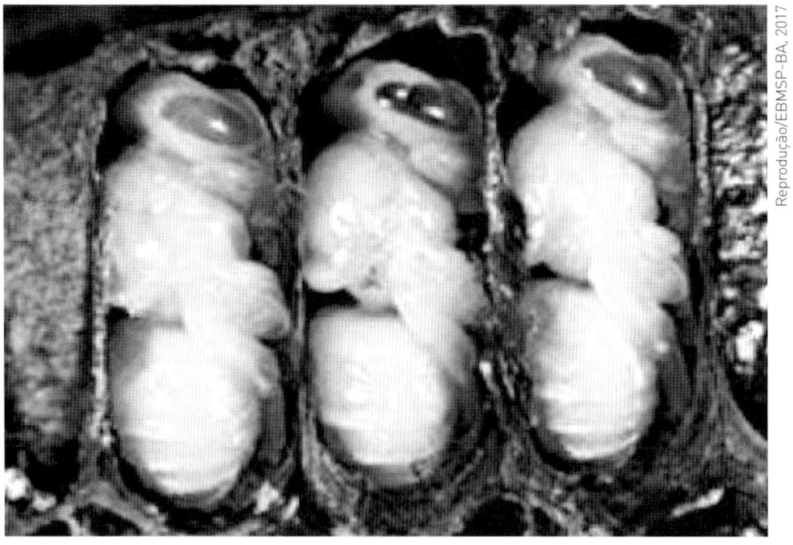

A sobrevivência de uma larva logo após abandonar o ovo, no período em que começa a se alimentar sozinha, depende de muitos fatores, sendo a temperatura ambiente um dos fatores mais importantes. Admitindo-se que, para uma determinada espécie, o número de larvas, $N(T)$, que sobrevivem a esse período possa ser modelado pela função $N(t) = \frac{10}{13}(37 - T)(T - 15)$, sendo T a temperatura ambiente em °C, pode-se afirmar que o número máximo de larvas sobreviventes pertence ao intervalo:

a) [80, 90[.

b) [90, 100[.

c) [100, 110[.

d) [110, 120[.

e) [120, 130[.

42. (Unifor-CE) Uma loja resolveu fazer uma promoção de ovos de chocolates na Páscoa. A promoção era a seguinte: "Compre **x** ovos de chocolates e ganhe x% de desconto". A promoção é válida para compras até 60 ovos de chocolates, caso em que é concedido o desconto máximo 60%. Ricardo, Francisco, Erivando, Edno e Paulo compraram 10, 15, 20, 30 e 45 ovos de chocolates, respectivamente.

Qual deles poderia ter comprado mais ovos de chocolates e gasto a mesma quantia, se empregasse melhor seus conhecimentos de Matemática?

Reprodução/Unifor-CE, 2017

a) Ricardo

b) Paulo

c) Erivando

d) Edno

e) Francisco

43. (Enem) A Igreja de São Francisco de Assis, obra arquitetônica modernista de Oscar Niemeyer, localizada na Lagoa da Pampulha, em Belo Horizonte, possui abóbadas parabólicas. A seta na figura 1 ilustra uma das abóbadas na entrada principal da capela. A figura 2 fornece uma vista frontal desta abóbada, com medidas hipotéticas para simplificar os cálculos.

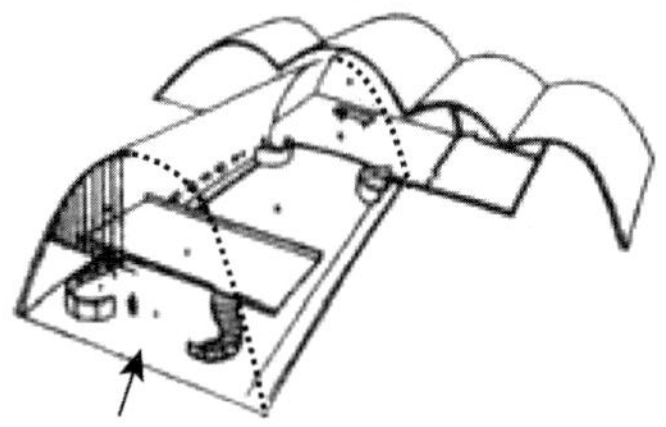

Figura 1

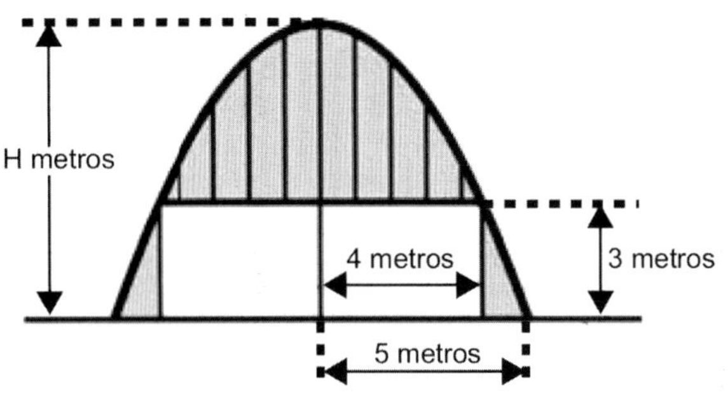

Figura 2

Qual a medida da altura H em metro, indicada na figura 2?

a) $\frac{16}{3}$

b) $\frac{31}{5}$

c) $\frac{25}{4}$

d) $\frac{25}{3}$

e) $\frac{75}{2}$

UNIDADE 3 FUNÇÃO EXPONENCIAL E FUNÇÃO LOGARÍTMICA

CAPÍTULO 6 ▪ FUNÇÃO EXPONENCIAL

44. (Unesp-SP) Admita que o número de visitas diárias a um *site* seja expresso pela potência 4^n com **n** sendo o índice de visitas ao *site*. Se o *site* S possui o dobro do número de visitas diárias do que um *site* que tem índice de visitas igual a 6, o índice de visitas ao *site* S é igual a:

a) 12. **b)** 9. **c)** 8,5. **d)** 8. **e)** 6,5.

45. (FCMMG) Em 1798, Thomas Malthus, no trabalho *An Essay on the Principle of Population*, formulou um modelo para descrever a população presente em um ambiente em função do tempo. Esse modelo, utilizado para acompanhar o crescimento de populações ao longo do tempo **t** fornece o tamanho $N(t)$ da população pela lei $N(t) = N_0 \cdot e^{kt}$, onde N_0 representa a população presente no instante inicial e **k**, uma constante que varia de acordo com a espécie de população. A população de certo tipo de bactéria está sendo estudada em um laboratório, segundo o modelo de Thomas Malthus. Inicialmente foram colocadas 2000 bactérias em uma placa de Petri e, após 2 horas, a população inicial havia triplicado.

A quantidade de bactérias presente na placa 6 horas após o início do experimento deverá aumentar:

a) 6 vezes. **b)** 8 vezes. **c)** 18 vezes. **d)** 27 vezes.

46. (UFRGS-RS – Adaptado) No estudo de uma população de bactérias, identificou-se que o número N de bactérias, **t** horas após o início do estudo, é dado por $N(t) = 20 \cdot 2^{1,5t}$.

Nessas condições, em quanto tempo a população de bactérias duplicou?

a) 15 min **b)** 20 min **c)** 30 min **d)** 40 min **e)** 45 min

47. (Fepecs-DF) Uma pessoa doente precisa ter no mínimo 16 mg no organismo de um certo medicamento para que o mesmo seja eficaz. Sabe-se que **t** horas depois de ministrados M_0 mg deste medicamento, a quantidade residual em mg do mesmo é dada pela equação $M(t) = M_0 \cdot 2^{-kt}$. Para um certo paciente, foram ministrados 512 mg deste medicamento às 8 horas da manhã e, 6 horas depois, verificou-se que a quantidade residual era 32 mg.

Para que o medicamento mantenha sua eficácia mínima, a nova dose deve ser ministrada, até no máximo, no seguinte horário:

a) 15 horas e 30 minutos.
b) 15 horas e 45 minutos.
c) 16 horas e 20 minutos.
d) 16 horas e 30 minutos.
e) 16 horas e 40 minutos.

48. (FMJ-SP) A evolução prevista para o número de pessoas infectadas com o vírus A (H1N1), em uma determinada região, é dada por $p = 6400 \cdot (1{,}1)^{\frac{t}{12}}$, onde **t** é o número de dias decorridos após 31.08.2009. O número previsto de pessoas infectadas com esse vírus, nessa região, decorridos 24 dias após 31.08.2009, é:

a) 7615.
b) 7744.
c) 7884.
d) 8130.
e) 8518.

49. (Escola Naval) O elemento químico Califórnio, Cf^{251}, emite partículas alfa, transformando-se no elemento Cúrio, Cm^{247}. Essa desintegração obedece à função exponencial $N(t) = N_0e^{-\alpha t}$ onde N(t) é quantidade de partículas de Cf^{251} no instante **t** em determinada amostra; N_0 é a quantidade de partículas no instante inicial; e α é uma constante, chamada constante de desintegração. Sabendo que em 898 anos a concentração de Cf^{251} é reduzida à metade, pode-se afirmar que o tempo necessário para que a quantidade de Cf^{251} seja apenas 25% da quantidade inicial está entre:

a) 500 e 1000 anos.
b) 1000 e 1500 anos.
c) 1500 e 2000 anos.
d) 2000 e 2500 anos.
e) 2500 e 3000 anos.

50. (EBMSP-BA) No instante $t = 0$, quando a quantidade presente de determinada substância radioativa começa a ser monitorada, registra-se Q_0 gramas da substância. Depois de **t** horas, a partir de $t = 0$, a quantidade, em gramas, de substância remanescente é calculada através da equação $Q(t) = Q_0e^{-0,45t}$.

Considerando-se $\log_e 2 = 0,69$, pode-se afirmar que o tempo necessário para que a quantidade presente dessa substância seja reduzida à metade da quantidade inicial é de:

a) 54 min.
b) 1 h e 20 min.
c) 1 h e 32 min.
d) 1 h e 45 min.
e) 2 h e 9 min.

51. (UPE) Terremotos são eventos naturais que não têm relação com eventos climáticos extremos, mas podem ter consequências ambientais devastadoras, especialmente quando seu epicentro ocorre no mar, provocando *tsunamis*. Uma das expressões para se calcular a violência de um terremoto na escala Richter é $M = \frac{2}{3} \cdot \log_{10}\left(\frac{E}{E_0}\right)$, onde M é a magnitude do terremoto, E é a energia liberada (em joules) e $E_0 = 10^{4,5}$ joules é a energia liberada por um pequeno terremoto usado como referência.

Qual foi a ordem de grandeza da energia liberada pelo terremoto do Japão de 11 de março de 2011, que atingiu magnitude 9 na escala Richter?

a) 10^{14} joules
b) 10^{16} joules
c) 10^{17} joules
d) 10^{18} joules
e) 10^{19} joules

52. (UEL-PR) Leia o texto a seguir.

Precisamos de um nome para o novo replicador, um substantivo que comunique a ideia de unidade de transmissão cultural. "Mimeme" vem do grego "aquilo que é replicado", mas eu quero um monossílabo que se pareça com gene. Eu espero que meus amigos clássicos me perdoem por abreviar mimeme para meme. Se uma ideia se alastra, é dita que se propaga sozinha.

Adaptado de: DAWKINS, R. *O gene egoísta*. Trad. Geraldo H. M. Florsheim. Belo Horizonte: Itatiaia, 2001. p. 214.

Diversos segmentos têm utilizado serviços de *marketing* para criação e difusão de memes de seu interesse. Um partido político com $P_0 = 20$ filiados encomendou um anúncio que se tornou um meme em uma rede social, sendo que 5% dos $k = 2 \cdot 10^9$ usuários ativos visualizaram o anúncio no instante $t = 1$. Sejam $e > 1$, $r > 0$ constantes e suponha que a função P(t) dada por $P(t) = \dfrac{K \cdot P_0 \cdot e^{r \cdot t}}{K + P_0(e^{r \cdot t} - 1)}$ representa a quantidade de usuários da rede social que visualizaram o meme no instante **t**. Assinale a alternativa que apresenta, corretamente, o valor da constante **r** para essa rede social.

a) $\log_e\left(\dfrac{10^8 - 1}{19}\right)$
b) $\log_e\left(\dfrac{10^9 - 1}{19}\right)$
c) $\log_e\left(\dfrac{10^9 - 1}{20}\right)$
d) $\sqrt{\dfrac{10^8 - 1}{19}}$
e) $\sqrt{\dfrac{10^9 - 1}{20}}$

53. (Fuvest-SP) Um analgésico é aplicado via intravenosa. Sua concentração no sangue, até atingir a concentração nula, varia com o tempo de acordo com a seguinte relação: $c(t) = 400 - k\log_3(at + 1)$, em que **t** é dado em horas e c(t) é dado em mg/L. As constantes **a** e **k** são positivas.

a) Qual é a concentração do analgésico no instante inicial $t = 0$?

b) Calcule as constantes **a** e **k** sabendo que, no instante $t = 2$, a concentração do analgésico no sangue é metade da concentração no instante inicial e que, no instante $t = 8$, a concentração do analgésico no sangue é nula.

54. (Acafe-SC) Quando um paciente ingere um medicamento, a droga entra na corrente sanguínea e, ao passar pelo fígado e pelos rins, é metabolizada e eliminada. A quantidade de medicamentos, em miligramas, presente no organismo de um paciente é calculada pela função $Q(t) = 30 \cdot 2^{1 - \frac{t}{10}}$, onde **t** é o tempo dado em horas. O tempo necessário para que a quantidade de medicamento em um paciente se reduza a 40% da quantidade inicial é:

Dado: $\log 2 = 0{,}3$

a) 13 horas e 33 minutos.

b) 6 horas e 06 minutos.

c) 13 horas e 20 minutos.

d) 6 horas e 40 minutos.

55. (UFU-MG) Um indivíduo com uma grave doença teve a temperatura do corpo medida em intervalos curtos e igualmente espaçados de tempo, levando a equipe médica a deduzir que a temperatura corporal T do paciente, em cada instante **t**, é bem aproximada pela função $T = 36 \cdot 10^{\frac{t}{100}}$, em que **t** é medido em horas, e T em graus Celsius. Quando a temperatura corporal deste paciente atingir os 40 °C a equipe médica fará uma intervenção, administrando um remédio para baixar a temperatura.

Nestas condições, quantas horas se passarão desde o instante $t = 0$ até a administração do remédio?

Utilize $\log_{10} 9 = 0{,}95$.

a) 5 **b)** 6 **c)** 7 **d)** 8

56. (Enem) Para realizar a viagem dos sonhos, uma pessoa precisava fazer um empréstimo no valor de R$ 5 000,00. Para pagar as prestações, dispõe de, no máximo, R$ 400,00 mensais. Para esse valor de empréstimo, o valor da prestação (P) é calculado em função do número de prestações (n) segundo a fórmula $P = \dfrac{5\,000 \cdot 1{,}013^n \cdot 0{,}013}{(1{,}013^n - 1)}$.

Se necessário, utilize 0,005 como aproximação para log 1,013; 2,602 como aproximação para log 400; 2,525 como aproximação para log 335.

De acordo com a fórmula dada, o menor número de parcelas cujos valores não comprometem o limite definido pela pessoa é:

a) 12. **b)** 14. **c)** 15. **d)** 16. **e)** 17.

UNIDADE 4 PROGRESSÕES E MATEMÁTICA FINANCEIRA

CAPÍTULO 8 ▪ PROGRESSÕES

57. (Fasb-BA) Um grupo com N micro-organismos começou a ser observado em um laboratório, sendo a sua evolução registrada ao final de cada semana subsequente ao início da observação. Ao final da primeira semana, verificou-se que o número inicial de micro-organismos havia se reduzido em 30%, na segunda semana, houve um crescimento de 20% em relação ao número computado no final da primeira semana e, a partir da terceira semana, o número de micro-organismos passou a crescer em progressão aritmética de razão $r = 10$.

Se, ao final da décima semana, o número de micro-organismos voltou a ser igual ao número do início da observação, pode-se afirmar que o valor de N é:

a) 300. **b)** 430. **c)** 500. **d)** 650. **e)** 700.

58. (FICSAE-SP) Dois estatísticos estão em uma sala e a média de suas idades é 37 anos. Um terceiro estatístico entra na sala e a média das idades dessas três pessoas passa a ser 39 anos. Um quarto estatístico entra na sala e a média passa a ser 41 anos. Esse processo continua e, a cada estatístico que entra na sala, a média das idades de todos eles aumenta em 2 anos. O número de estatísticos que agora estão na sala, sabendo que o último a entrar tem 83 anos, é:

a) 13. **b)** 15. **c)** 17. **d)** 19.

59. Marcos contou para 2 amigos um fato ocorrido com ele naquela semana. Cada um dos 2 amigos contou para outras 2 novas pessoas na semana seguinte. Se, a cada semana, cada pessoa que soube do ocorrido na semana anterior contar para 2 novas pessoas, então quantas pessoas, contando com Marcos, saberão o que aconteceu ao final da 6ª semana?

a) 126 **b)** 127 **c)** 128 **d)** 129 **e)** 130

60. O documento matemático Papiro de Rhind, escrito no Egito provavelmente no ano de 1650 a.C., contém dezenas de problemas de matemática. Entre eles, podemos encontrar a seguinte questão envolvendo progressão aritmética: dividir 140 pães entre 5 pessoas de modo que a distribuição esteja em progressão aritmética e que a terça parte do total de pães recebido pelos 3 últimos seja igual à soma do que receberam os 2 primeiros.

Feita essa divisão, podemos afirmar que aquele que recebeu mais ficou com:

a) 16 pães. **b)** 18 pães. **c)** 30 pães. **d)** 42 pães. **e)** 45 pães.

61. As idades dos 3 filhos de um casal estão em progressão aritmética, sendo que o filho do meio tem 12 anos e o produto das idades dos 3 filhos é 1 620. Então, podemos afirmar que a soma das idades é um número divisível por:

a) 5. **b)** 6. **c)** 10. **d)** 11. **e)** 13.

62. Um turista, em visita à cidade de Santiago (Chile), fez questão de conhecer o Costanera Center, um importante centro financeiro do país. O Costanera Center é um edifício de 300 m de medida de altura e tem 60 andares, além do andar térreo. O turista, por ser claustrofóbico, não quis subir de elevador e optou pelas escadas. Por ser também acrofóbico, ele subia 3 andares, sentia medo e descia 2 andares. Recompunha-se do medo, subia mais 3 andares e, não se sentindo confortável, descia 2 andares. Ele repetiu essa sequência até chegar ao último andar, ficando deslumbrado com a vista da Cordilheira dos Andes.

Considere que:

- o turista encontrava-se no andar térreo quando resolveu iniciar a subida;
- o tempo de subida de cada andar mede 1 minuto e o tempo de descida de cada andar mede 30 segundos;
- a contagem do tempo foi iniciada juntamente com o início da subida.

Então, quanto tempo o turista levou para chegar ao último andar do edifício?

a) 231 minutos
b) 236 minutos
c) 239 minutos
d) 240 minutos
e) 243 minutos

63. (PUC-RS) A distribuição de pontos em cada uma das figuras ao lado segue um padrão de construção.

Seguindo esse mesmo padrão, a soma dos pontos distribuídos em todas as figuras até a figura 30 será igual a:

a) 61.
b) 183.
c) 210.
d) 930.
e) 960.

64. (UFRS) A sequência representada, na figura ao lado, é formada por infinitos triângulos equiláteros. O lado do primeiro triângulo mede 1, e a medida do lado de cada um dos outros triângulos é $\frac{2}{3}$ da medida do lado do triângulo imediatamente anterior.

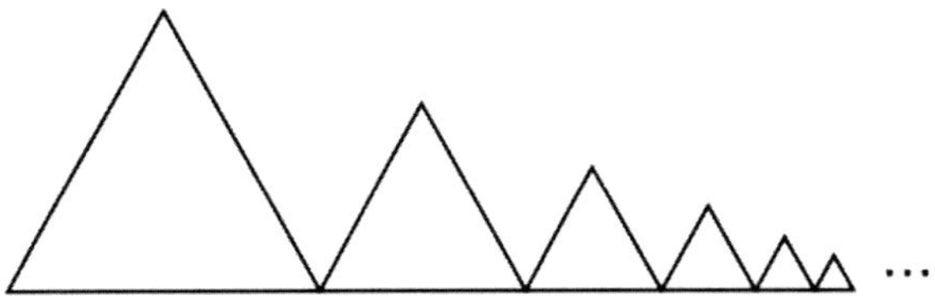

A soma dos perímetros dos triângulos dessa sequência infinita é:

a) 9.
b) 12.
c) 15.
d) 18.
e) 21.

65. Um devedor firma um acordo com o credor para pagar uma dívida de 29523 reais. Ele alega que está iniciando um novo negócio, que felizmente prospera a cada dia e, por isso, propõe o pagamento da seguinte maneira: a dívida seria parcelada em semanas, sendo que na primeira semana ele pagaria 3 reais, na segunda semana 9 reais, na terceira 27 reais, e assim por diante.

Diante da proposta o credor se pergunta: em quantas semanas ele pagaria a dívida?

a) 23 semanas
b) 12 semanas
c) 9 semanas
d) 18 semanas
e) 20 semanas

66. Um conjunto de moedas iguais devem ser colocadas em sequência em um cofre. Elas deverão ser introduzidas na seguinte ordem: uma moeda na primeira vez e, em cada uma das vezes seguintes, tantas moedas quantas foram introduzidas ao todo nas vezes anteriores.

Determine quantas moedas foram colocadas ao todo no cofre após o 13º depósito.

a) 8191
b) 8156
c) 8021
d) 8016
e) 8000

67. (UPF-RS) A Esponja de Menger é construída a partir de um cubo, por meio do seguinte processo recursivo.

1. Tome um cubo qualquer.

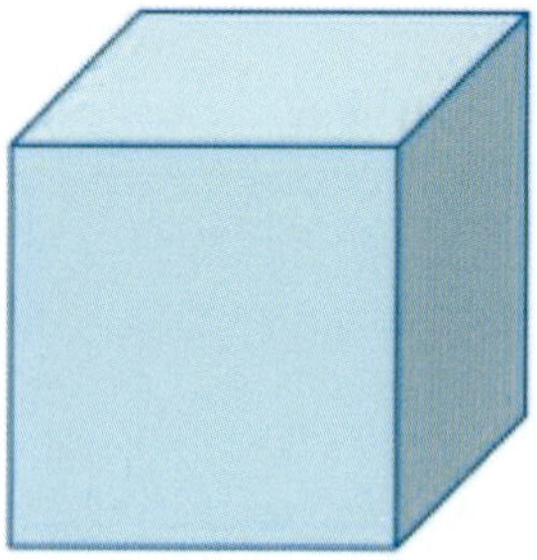

2. Divida cada face do cubo em 9 quadrados. Desse modo, o cubo inicial fica subdividido em cubos menores.

3. Remova o cubo localizado no meio de cada face e o cubo central. Esse é o primeiro nível da Esponja de Menger.

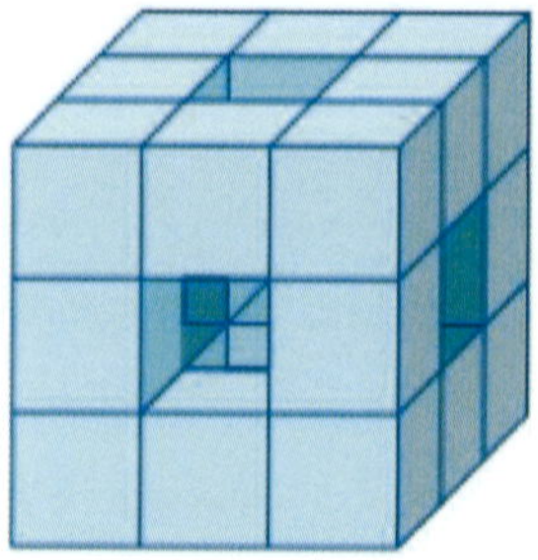

Ilustrações: Reprodução/UPF-RS, 2017

4. Repita os passos 2 e 3 para cada um dos cubos restantes do nível anterior. Assim, obtém-se o segundo nível da Esponja.

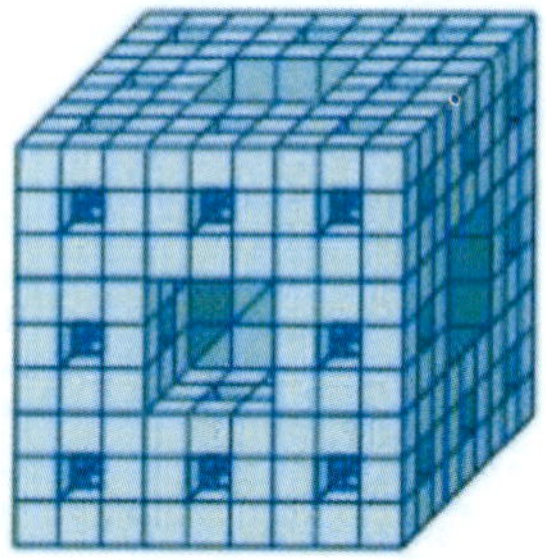

5. A Esponja de Menger é o limite desse processo depois de um número infinito de iterações.

Reprodução/UPF-RS, 2017

(Imagem disponível em: http://www.epsilones.com/paginas/curvas/curvas-035-esponja-menger.html. Acesso em 10 abr. 2017)

Sobre a Esponja de Menger e seu contexto, considere as seguintes afirmações.

I. Se **n** é o número de iterações realizadas no cubo inicial, o número de cubos restantes na enésima iteração é 20^n.

II. O número de cubos obtidos em cada etapa do processo de construção da Esponja de Menger é 20n sendo **n** o número de iterações.

III. A área da Esponja de Menger é obtida por meio de um processo recursivo, sendo que, em cada face, a área de cada quadrado é $\frac{1}{9}$ da área do quadrado obtido no nível anterior.

IV. O fato de que o processo de construção da Esponja de Menger é recursivo e dispõe de um número infinito de procedimentos a serem executados faz com que o volume dela seja zero.

Está correto apenas o que se afirma em:

a) I e III.
b) II e III.
c) II e IV.
d) I, III e IV.
e) II, III e IV.

68. (PUC-RJ) Os termos da soma $S = 4 + 8 + 16 + \ldots + 2\,048$ estão em progressão geométrica.

Assinale o valor de S.

a) 4092 **b)** 4100 **c)** 8192 **d)** 65536 **e)** 196883

69. (UFSJ-MG) O Partenon é uma obra arquitetônica grega cujas aberturas entre suas colunas têm o formato de quadriláteros que são chamados de retângulos de ouro.

Eles recebem esse nome porque a razão entre a altura $\overline{AB}$ e a base $\overline{AD}$ é igual ao número de ouro, que é igual a, aproximadamente, 1,618.

Para que as portas de uma construção que têm altura de 2,43 metros também sejam retângulos de ouro, é correto afirmar que elas terão suas larguras entre:

a) 1,5 m e 1,51 m. **b)** 1,61 m e 1,62 m. **c)** 1,4 m e 1,41 m. **d)** 1,31 m e 1,32 m.

70. Na Grécia antiga, os matemáticos descobriram a proporção áurea e arquitetos da época a utilizaram em muitas construções. Os gregos acreditavam que, do ponto de vista da Geometria, as medidas especiais do retângulo de ouro (cujas medidas de comprimento dos lados estão em proporção áurea) representavam a beleza matemática. Esse retângulo era obtido da seguinte maneira: um segmento de reta de comprimento **a** é dividido em 2 partes, de modo que a razão entre a medida de comprimento total **a** e a medida de comprimento **b** da parte maior é igual à razão entre a medida de comprimento **b** da parte maior e a medida de comprimento a − b da parte menor. A medida **b** seria a medida da altura do retângulo, e a medida **a**, a medida da base dele.

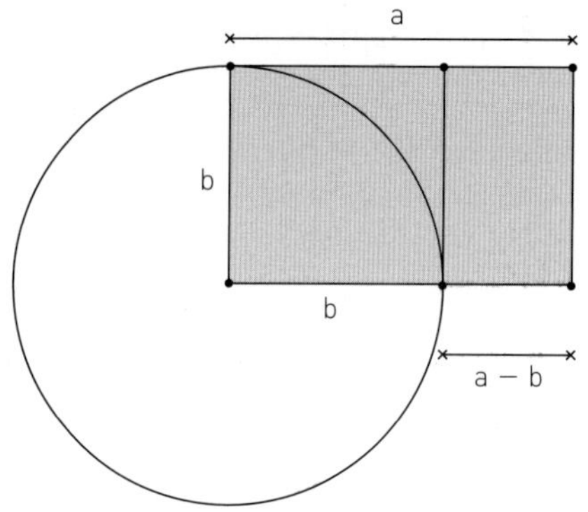

Razão áurea

$$\frac{a}{b} = \frac{b}{a - b}$$

Banco de imagens/Arquivo da editora

Quanto vale a razão áurea?

a) $\frac{1}{2}$

b) $\frac{3}{2}$

c) $\frac{\sqrt{5}}{2}$

d) $\frac{1 + \sqrt{5}}{2}$

e) $\sqrt{3}$

71. (UFPR) De acordo com a Organização Mundial da Saúde, um índice de massa corporal inferior a 18,5 pode indicar que uma pessoa está em risco nutricional. Há, inclusive, um projeto de lei tramitando no Senado Federal, e uma lei já aprovada no estado de Santa Catarina, proibindo a participação em eventos de modelos que apresentem esse índice inferior a 18,5. O índice de massa corporal de uma pessoa, abreviado por IMC, é calculado através da expressão $IMC = \frac{m}{h^2}$, em que **m** representa a massa da pessoa, em quilogramas, e **h** sua altura, em metros. Dessa forma, uma modelo que possua IMC = 18,5 e massa corporal de 55,5 kg tem aproximadamente que altura?

a) 1,85 m **b)** 1,81 m **c)** 1,77 m **d)** 1,73 m **e)** 1,69 m

CAPÍTULO 9 ▪ MATEMÁTICA FINANCEIRA

72. (Uerj) As farmácias W e Y adquirem determinado produto com igual preço de custo. A farmácia W vende esse produto com 50% de lucro sobre o preço de custo. Na farmácia Y, o preço de venda do produto é 80% mais caro do que na farmácia W.

O lucro da farmácia Y em relação ao preço de custo é de:

a) 170%.
b) 150%.
c) 130%.
d) 110%.

73. (UFGD-MS) A Rico'$ Financeira empresta dinheiro, cobrando juros compostos de 20% ao ano, de modo que o cliente paga a quantia emprestada mais os juros somente ao final do período. Quanto a Rico'$ Financeira faturará de juros ao emprestar R$ 1000,00, recebendo a dívida após três anos?

a) R$ 200,00
b) R$ 600,00
c) R$ 728,00
d) R$ 1073,60
e) R$ 1488,32

74. O banco Esperança empresta dinheiro aos clientes de acordo com o sistema $VF = VP(1{,}02)^n$, no qual VP (valor presente) é o valor emprestado, VF (valor futuro) é o valor que o banco deverá receber e **n** é o número de meses correspondente à duração do empréstimo. Se um cliente fizer um empréstimo de R$ 30000,00 para ser pago 4 meses depois, então de quanto será a dívida?

Adote:

n	$(1{,}02)^n$
0	1
1	1,02
2	1,04
3	1,06
4	1,08

a) R$ 30400,00
b) R$ 31200,00
c) R$ 32400,00
d) R$ 33200,00
e) R$ 34400,00

75. Mariana viu anunciada a seguinte promoção em uma loja: "Todas as peças com 25% de desconto". Além disso, como ela já conhece a loja, sabe que são concedidos 20% de desconto para pagamento em espécie. Se Mariana comprar 1 casaco, em espécie, por R$ 120,00 na promoção, então qual será o desconto total que ela vai receber, em reais?

a) 50,00 **b)** 80,00 **c)** 100,00 **d)** 140,00 **e)** 200,00

76. Carlos fez um empréstimo, a juros simples, com taxa de 2% ao mês. Se, ao terceiro mês, os juros "corridos" eram de R$ 90,00, então é possível determinar que o montante recebido por Carlos na quitação da dívida, ao final do décimo mês, foi de:

a) R$ 300,00.
b) R$ 1200,00.
c) R$ 1500,00.
d) R$ 1800,00.
e) R$ 1890,00.

77. Para quitar o pagamento do cartão de crédito, Walney contratou um empréstimo no valor de 3 000 reais. Ao quitar esse empréstimo após 2 anos, ele pagou um montante de 3 630 reais. Sabendo que o empréstimo foi feito sob o regime de capitalização composta, é possível determinar que a taxa anual de juros foi de:

a) 5%. **b)** 10%. **c)** 15%. **d)** 20%. **e)** 21%.

78. (Enem) Um empréstimo foi feito a taxa mensal de i% usando juros compostos, em oito parcelas fixas e iguais a P. O devedor tem a possibilidade de quitar a dívida antecipadamente a qualquer momento, pagando para isso o valor atual das parcelas ainda a pagar. Após pagar a 5ª parcela, resolve quitar a dívida no ato de pagar a 6ª parcela.

A expressão que corresponde ao valor total pago pela quitação do empréstimo é:

a) $P\left[1+\dfrac{1}{\left(1+\dfrac{i}{100}\right)}+\dfrac{1}{\left(1+\dfrac{i}{100}\right)^2}\right].$

b) $P\left[1+\dfrac{1}{\left(1+\dfrac{i}{100}\right)}+\dfrac{1}{\left(1+\dfrac{2i}{100}\right)}\right].$

c) $P\left[1+\dfrac{1}{\left(1+\dfrac{i}{100}\right)^2}+\dfrac{1}{\left(1+\dfrac{i}{100}\right)^2}\right].$

d) $P\left[1+\dfrac{1}{\left(1+\dfrac{i}{100}\right)}+\dfrac{1}{\left(1+\dfrac{2i}{100}\right)}+\dfrac{1}{\left(1+\dfrac{3i}{100}\right)}\right].$

e) $P\left[1+\dfrac{1}{\left(1+\dfrac{i}{100}\right)}+\dfrac{1}{\left(1+\dfrac{i}{100}\right)^2}+\dfrac{1}{\left(1+\dfrac{i}{100}\right)^3}\right].$

79. (USF-SP) Pensando em montar seu próprio consultório, Nathália começou a economizar desde que entrou no curso de Medicina. Ao passar no vestibular, ela ganhou R$ 5 000,00 de seus pais e os aplicou a uma taxa de 0,5% ao mês a juros compostos. Além disso, mensalmente, ela depositou R$ 100,00 à mesma taxa de juros compostos. Hoje, passados 5 anos, ou seja, 60 meses, qual o montante do rendimento dos R$ 5 000,00 e qual o valor economizado por Nathália com suas aplicações mensais? (Considere $1,005^{60} \simeq 1,35$.)

a) R$ 6750,00 e R$ 7000,00

b) R$ 6500,00 e R$ 7800,00

c) R$ 6500,00 e R$ 7000,00

d) R$ 6750,00 e R$ 7800,00

e) R$ 7800,00 e R$ 6500,00

UNIDADE 5 GEOMETRIA PLANA E TRIGONOMETRIA NO TRIÂNGULO RETÂNGULO

CAPÍTULO 10 ▪ GEOMETRIA PLANA

80. (IFSC) Em um determinado local e horário do dia, Márcio observou que sua sombra era de 1 metro e que a sombra projetada por um prédio em construção, no mesmo local e horário em que ele estava, era de 10 metros.

Sabendo-se que Márcio tem 1,62 m de altura, é correto afirmar que a altura desse prédio é de, aproximadamente:

a) 6,2 metros.
b) 8,1 metros.
c) 16,2 metros.
d) 14 metros.
e) 13,8 metros.

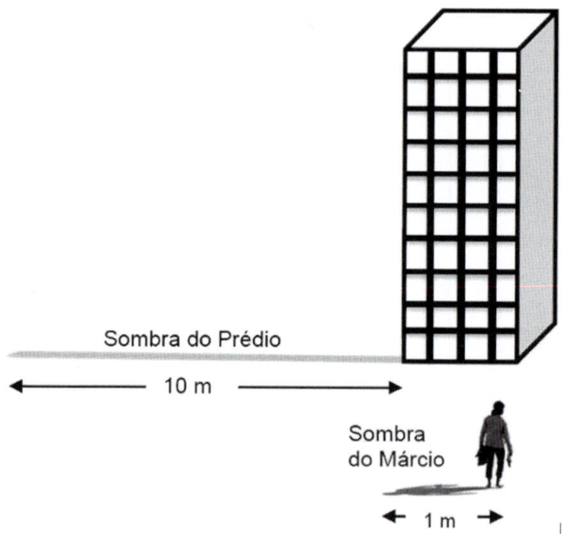

Reprodução/IFSC, 2016

81. (ESPM-SP) Um prédio de 15 m de altura projeta uma sombra de 20 m de comprimento sobre um piso horizontal plano, como mostra a figura ao lado.

A máxima distância que uma pessoa de 1,80 m de altura pode se afastar do prédio para que continue totalmente à sua sombra é:

a) 17,60 m.
b) 18,20 m.
c) 17,40 m.
d) 17,80 m.
e) 18,00 m.

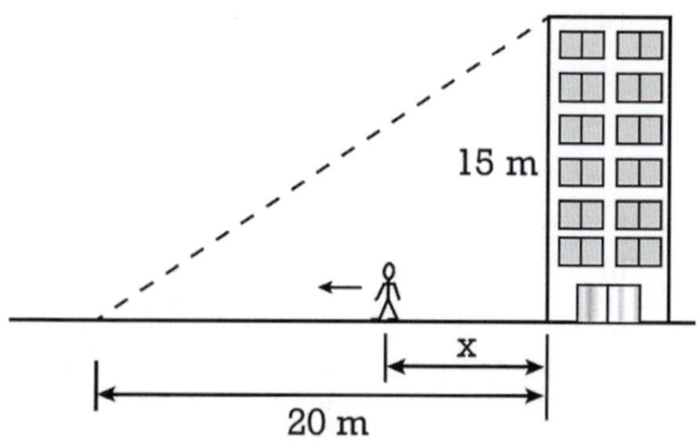

Reprodução/ESPM-SP, 2015

82. (IFPE) O *candy crush* é um dos jogos que viraram febre nos últimos anos. Um joguinho no qual você precisa combinar doces simples e doces especiais que se encontram numa espécie de plano cartesiano. Há, na imagem ao lado, dois doces especiais: uma bomba colorida, que se encontra no ponto (8, 8); e uma rosquinha de coco, que se encontra no ponto (9, 2). Tomou-se como referencial o plano cartesiano indicado na imagem.

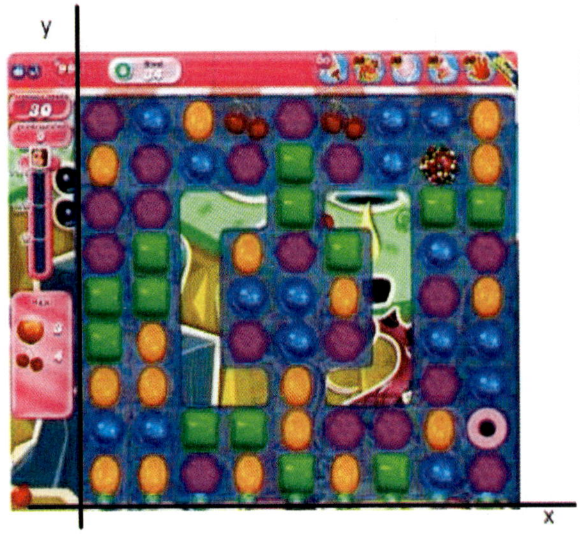

Disponível em: <https://www.dicascityville.com/wp-content/uploads/2013/02/vidas-infinitas-no-candy-crush-saga-dicas-cityville-tudo-sobre-jogos-sociais-300x258.jpg>. Acesso em: 20 maio 2017.

Baseados nessas informações, podemos afirmar que a distância entre a bomba colorida e a rosquinha de coco, no plano cartesiano ao lado, é:

a) $\sqrt{27}$.
b) $\sqrt{35}$.
c) $\sqrt{7}$.
d) $\sqrt{37}$.
e) 7.

83. (Uerj) Segundo historiadores da Matemática, a análise de padrões como os ilustrados a seguir possibilitou a descoberta das triplas pitagóricas.

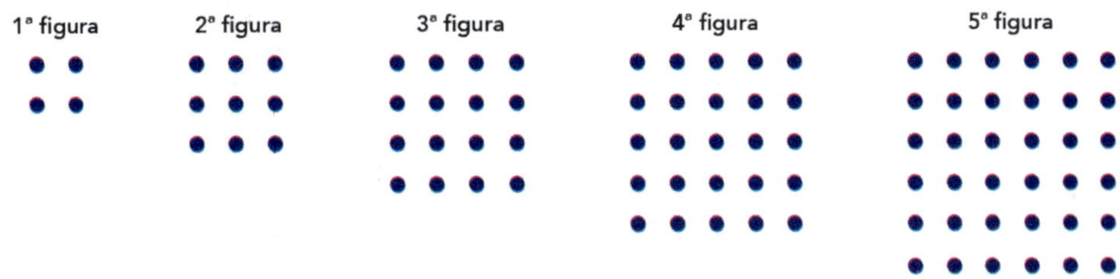

Observe que os números inteiros 32, 42 e 52, representados respectivamente pelas 2ª, 3ª e 4ª figuras, satisfazem ao Teorema de Pitágoras. Dessa forma $(3, 4, 5)$ é uma tripla pitagórica. Os quadrados representados pelas 4ª, 11ª e nª figuras determinam outra tripla pitagórica, sendo o valor de **n** igual a:

a) 10. **b)** 12. **c)** 14. **d)** 16.

84. (UTFPR) Um caminhão cuja carroceria está a uma altura de 1,2 m do chão está estacionado em um terreno plano. Deseja-se carregar uma máquina pesada neste caminhão e para isso será colocada uma rampa da carroceria do caminhão até o chão. O comprimento mínimo da rampa para que esta forme com o chão um ângulo máximo de 30° é, em metros, de:

$\left(\text{Considere: sen } 30° = \frac{1}{2}, \cos 30° = \frac{\sqrt{3}}{2} \text{ e tg } 30° = \frac{\sqrt{3}}{3}.\right)$

a) $0{,}8\sqrt{3}$.
b) 2,4.
c) $1{,}2\sqrt{3}$.
d) $0{,}6\sqrt{3}$.
e) 0,6.

85. No projeto de construção da loja de Glória, ela pensou muito na acessibilidade. Assim, ordenou que construíssem uma escada e uma rampa, lado a lado, começando e terminando em mesmos planos. Sabendo que foram necessários 6 degraus de 15 cm de medida de altura e que a rampa tem uma inclinação de medida de 30°, é correto afirmar que a medida de comprimento da rampa é:

a) 0,15 m.
b) 0,90 m.
c) 1,5 m.
d) 1,8 m.
e) 2,0 m.

86. (PUCC-SP) Burj Khalifa, localizado em Dubai, é considerado o edifício mais alto do mundo, com cerca de 830 m. A figura ao lado da fotografia representa a extensão vertical desse *edifício altíssimo*, dividida em 8 níveis igualmente espaçados.

Burj Khalifa

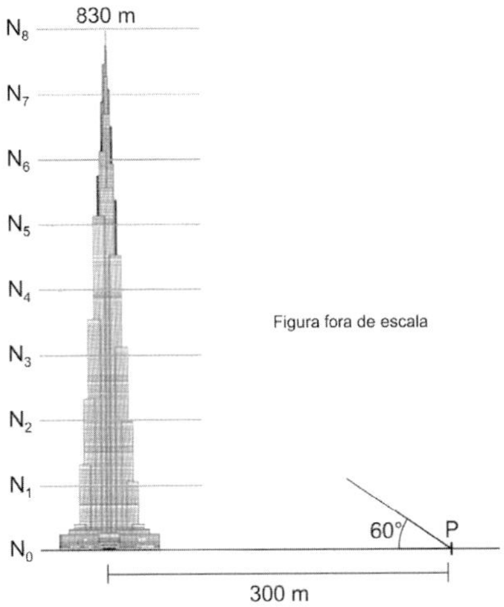

Dado: adote $\sqrt{3} = 1{,}73$ em suas contas finais.

Utilizando os dados fornecidos, um feixe de laser emitido a partir do ponto indicado na figura por P atingiria a coluna central do Burj Khalifa, aproximadamente, na marca:

a) N_5.
b) N_6.
c) N_7.
d) N_4.
e) N_3.

87. (UPE, SSA-1) A medida da área do triângulo retângulo, representado ao lado, é de 12,5 cm². Qual é o valor aproximado do seno do ângulo "θ"?

Considere $\sqrt{2} = 1{,}4$.

a) 0,45
b) 0,52
c) 0,61
d) 0,71
e) 0,85

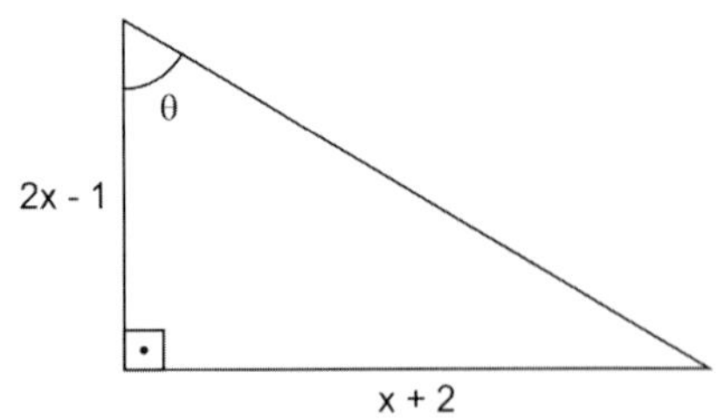

88. (Cefet-MG) O percurso reto de um rio, cuja correnteza aponta para a direita, encontra-se representado pela figura ao lado. Um nadador deseja determinar a largura do rio nesse trecho e propõe-se a nadar do ponto **A** ao **B**, conduzindo uma corda, a qual tem uma de suas extremidades retida no ponto **A**. Um observador localizado em **A** verifica que o nadador levou a corda até o ponto **C**.

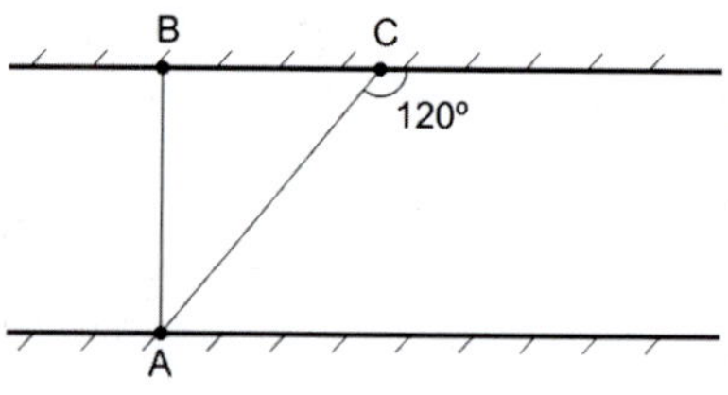

Dados:

α	30°	45°	60°
sen α	$\frac{1}{2}$	$\frac{\sqrt{2}}{2}$	$\frac{\sqrt{3}}{2}$
cos α	$\frac{\sqrt{3}}{2}$	$\frac{\sqrt{2}}{2}$	$\frac{1}{2}$
tg α	$\frac{\sqrt{3}}{3}$	1	$\sqrt{3}$

Nessas condições, a largura do rio, no trecho considerado, é expressa por:

a) $\frac{1}{3}\overline{AC}$.

b) $\frac{1}{2}\overline{AC}$.

c) $\frac{\sqrt{3}}{2}\overline{AC}$.

d) $\frac{3\sqrt{3}}{3}\overline{AC}$.

89. (PUCC-SP) A figura mostra o ângulo de visão que um mesmo observador tem de uma estrutura de caixa-d'água em dois pontos diferentes. Sabe-se que a altura dos olhos, em relação ao piso plano sobre o qual a estrutura está apoiada perpendicularmente, é exatamente a metade da altura da estrutura da caixa-d'água, e que a distância entre os dois pontos de observação é de 2 metros.

Dados:

	30°	45°	60°
sen	$\frac{1}{2}$	$\frac{\sqrt{2}}{2}$	$\frac{\sqrt{3}}{2}$
cos	$\frac{\sqrt{3}}{2}$	$\frac{\sqrt{2}}{2}$	$\frac{1}{2}$
tg	$\frac{\sqrt{3}}{3}$	1	$\sqrt{3}$

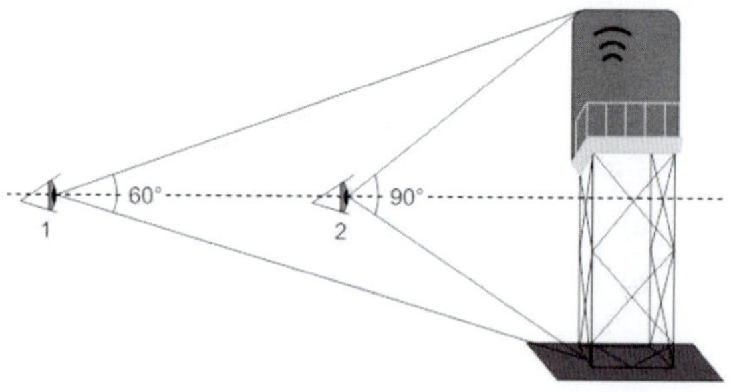

A partir dessas informações, é possível determinar que a altura da estrutura da caixa-d'água, em metros, é igual a:

a) $3\sqrt{3} - 2$.

b) $\frac{\sqrt{3} + 2}{3}$.

c) $2\sqrt{3} + 2$.

d) $\sqrt{3} + 2$.

e) $\sqrt{3} + 1$.

90. Os supostos triângulos retângulos da figura ao lado, de base de medida de comprimento 13 e altura de medida de comprimento 5, são um truque visual utilizado como desafio para a mente humana.

Sabemos que não é possível que figuras de mesmas medidas de área, quando reorganizadas, apresentem medidas de área diferentes. Usando as razões trigonométricas, mostre qual é o truque da imagem.

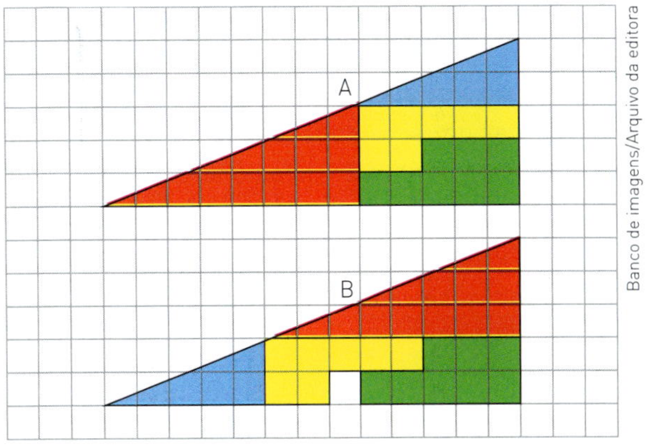

Banco de imagens/Arquivo da editora

91. A refração é o desvio da luz na mudança de meios. Conhecer esse fenômeno é importante, por exemplo, na pesca. Ao caçar peixes com arco e flecha, em vez de mirar na posição em que vemos o peixe, é necessário compensar com um pequeno ângulo de medida de abertura α para acertar o peixe na posição real.

Sabendo que $\tan(\alpha + \beta) = \frac{7}{5}$ e $\tan(\beta) = \frac{6}{5}$, determine a medida **d** da distância entre o pé do observador e o peixe na imagem ao lado.

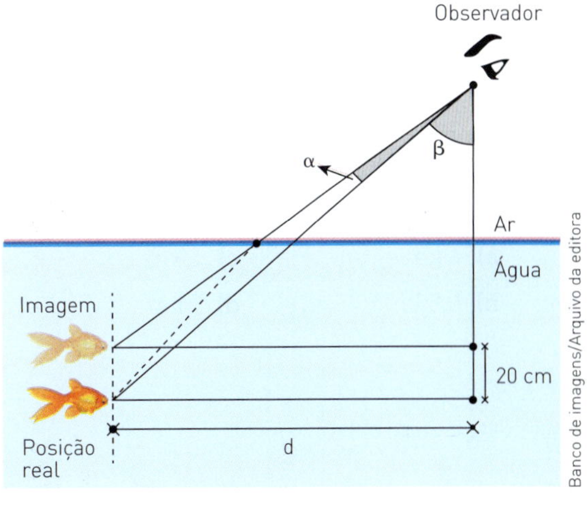

Banco de imagens/Arquivo da editora

92. O proprietário de uma casa construída em um terreno íngreme conta com água retirada de um rio para a irrigação da horta no terreno. Atualmente, a retirada da água é feita por uma bomba e percorre uma distância de medida de 120 m até chegar aos fundos da casa. Pensando no tempo de vida útil da bomba, ele resolveu cavar um poço na frente da casa para diminuir a medida da distância até a água, com a expectativa de encontrar água ao mesmo nível do rio. Sabendo que o ângulo de visão da horizontal para o rio nos fundos da casa tem medida de abertura de 10°, determine a profundidade do poço que satisfaz as expectativas do proprietário do terreno.

(Dados: sen 80° = 0,98; cos 80° = 0,17 e tan 80° = 5,65.)

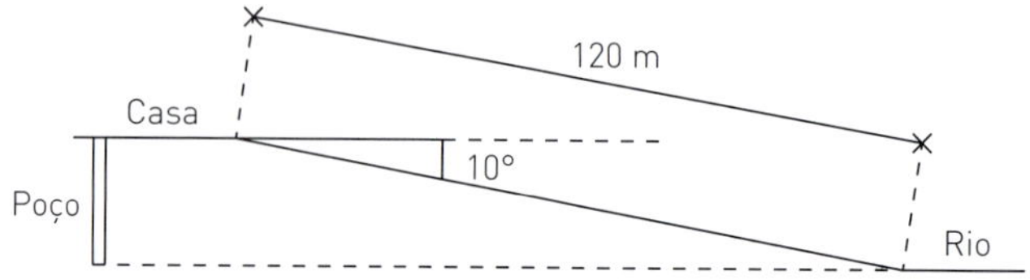

Banco de imagens/Arquivo da editora

UNIDADE 6 TRIGONOMETRIA

CAPÍTULO 12 ▪ RESOLUÇÃO DE TRIÂNGULOS QUAISQUER

93. (Unemat-MT) A cidade de Brasília (DF) foi projetada e seu mapa foi todo desenhado para ter o formato de um avião. Já Triangolândia foi projetada no formato de um triângulo, conforme a figura abaixo.
Qual é a medida da distância **x**?

a) 6 km
b) 5,5 km
c) 5 km
d) 7 km
e) 8 km

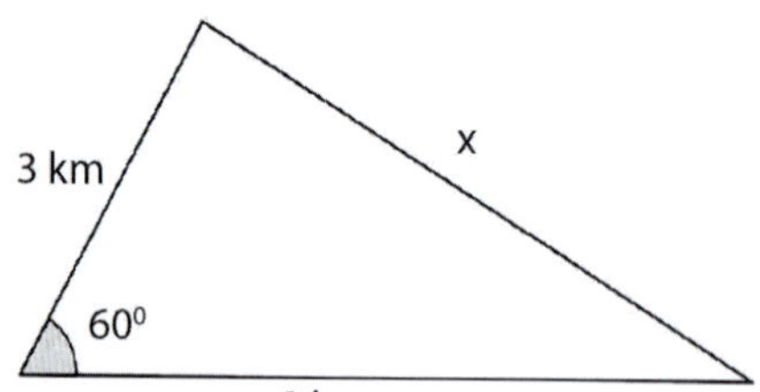

Reprodução/Unemat-MT, 2016

94. Veja a imagem do pórtico que fica na ponte sobre o rio Araújo, que liga as cidades de São José (SC) e Florianópolis (SC).

O pórtico e a pista formam aproximadamente um triângulo isósceles, sendo que cada lado do pórtico tem medida de comprimento de 40 m e que o cosseno da medida de abertura do ângulo entre as estruturas metálicas do pórtico (ângulo superior) é igual a 0,875. Qual é a medida de comprimento da base do pórtico onde passam as pessoas e os automóveis?

a) 16 m
b) 18 m
c) 20 m
d) 22 m
e) 24 m

Ponte e pórtico sobre o rio Araújo, em Santa Catarina.

95. (Enem) Uma desenhista projetista deverá desenhar uma tampa de panela em forma circular. Para realizar esse desenho, ela dispõe, no momento, de apenas um compasso, cujo comprimento das hastes é de 10 cm, um transferidor e uma folha de papel com um plano cartesiano. Para esboçar o desenho dessa tampa, ela afastou as hastes do compasso de forma que o ângulo formado por elas fosse de 120°. A ponta seca está representada pelo ponto C, a ponta do grafite está representada pelo ponto B e a cabeça do compasso está representada pelo ponto A conforme a figura.

Após concluir o desenho, ela o encaminha para o setor de produção. Ao receber o desenho com a indicação do raio da tampa, verificará em qual intervalo este se encontra e decidirá o tipo de material a ser utilizado na sua fabricação, de acordo com os dados.

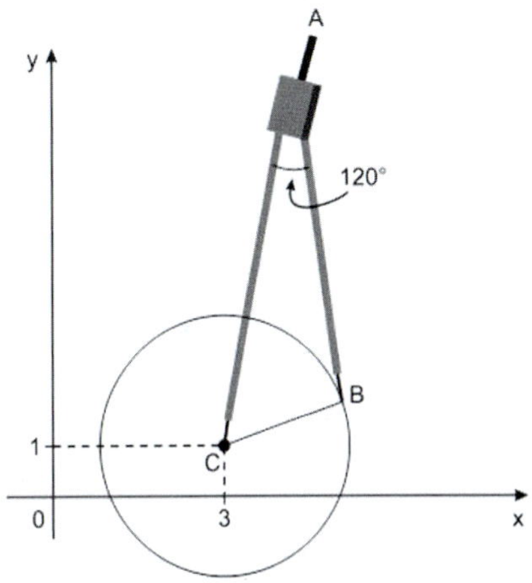

Considere 1,7 como aproximação para $\sqrt{3}$.

O tipo de material a ser utilizado pelo setor de produção será:

a) I.
b) II.
c) III.
d) IV.
e) V.

Tipo de material	Intervalo de valores de raio (cm)
I	$0 < R \leq 5$
II	$5 < R \leq 10$
III	$10 < R \leq 15$
IV	$15 < R \leq 21$
V	$21 < R \leq 40$

96. Leia o texto a seguir, sobre o Triângulo das Bermudas.

Anton Balazh/Shutterstock

O Triângulo das Bermudas é uma área do oceano Atlântico que forma uma espécie de triângulo imaginário. Em suas pontas estariam a ilha de Bermudas, a cidade de San Juan (Porto Rico) e a cidade de Miami (Estados Unidos), conforme aponta o mapa acima. A região é muito conhecida pelos mistérios que a envolvem, sobretudo em virtude do comportamento supostamente anômalo de suas águas e do desaparecimento de aviões e embarcações em sua área.

MUNDO EDUCAÇÃO. *Geografia*. Disponível em: <http://mundoeducacao.bol.uol.com.br/geografia/triangulo-das-bermudas.htm>. Acesso em: 2 abr. 2018.

Quando ocorre o desaparecimento de um avião ou uma embarcação, as equipes de resgate realizam busca em uma região circular com determinada medida de raio. Se um navio desapareceu no Triângulo das Bermudas e deseja-se realizar uma busca em uma região circular circunscrita ao Triângulo, então qual deverá ser a medida da área de busca sabendo que o Triângulo das Bermudas é equilátero de lados de medida de comprimento de 1 000 km?

Adote $\pi = 3$.

a) $1\,000\,000 \text{ km}^2$

b) $\frac{1\,000\,000}{3} \text{ km}^2$

c) $\frac{3\,000\,000}{5} \text{ km}^2$

d) $2\,000\,000 \text{ km}^2$

e) $6\,000\,000 \text{ km}^2$

97. O arquiteto brasileiro Oscar Niemeyer é considerado um dos maiores gênios da arquitetura moderna. Podemos observar obras dele em diversas cidades do Brasil e do mundo.

No Centro Cultural Oscar Niemeyer (GO), podemos observar o Monumento aos Direitos Humanos, cuja fachada é um triângulo em vermelho.

Se 2 lados desse triângulo têm medidas de comprimento de 80 m e 100 m e o ângulo entre eles tem medida de abertura de 120°, então a medida do perímetro do triângulo, em metros, é um número compreendido entre:

a) 200 e 220.
b) 220 e 240.
c) 240 e 260.
d) 260 e 280.
e) 280 e 300.

SambaPhoto/Shutterstock

Centro Cultural Oscar Niemeyer, em Goiânia (GO). Foto de 2013.

98. (FICSAE-SP) No pentágono ABCDE da figura, o lado $\overline{AB}$ mede 3 cm; o lado $\overline{AE}$ mede 8 cm; o lado $\overline{CD}$ mede 4 cm e os ângulos $B\hat{E}C$, $\hat{A}$ e $\hat{D}$ medem 30°, 60° e 90° respectivamente.

Sendo a área do triângulo BCE igual a 10,5 cm^2, a medida, em cm, do lado $\overline{DE}$ é:

a) $\sqrt{18}$.
b) $\sqrt{20}$.
c) $\sqrt{22}$.
d) $\sqrt{24}$.

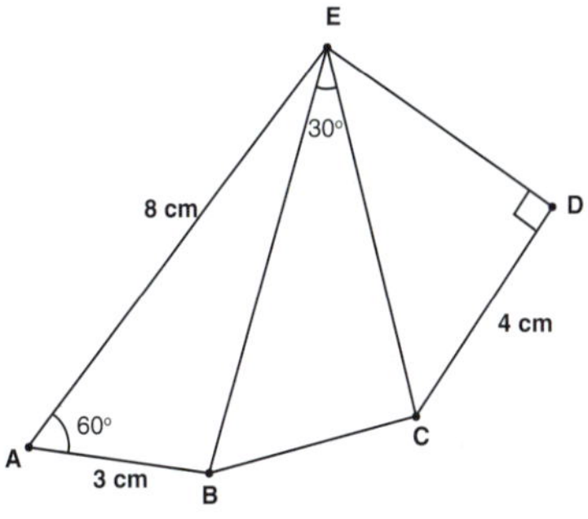

Reprodução/FICSAE-SP, 2017

99. (Fatec-SP) A maior parte dos refugiados sírios que solicita abrigo na Europa escolhe a Alemanha como destino. No entanto, muitos refugiados sírios têm vindo também para o Brasil. Considere o triângulo ABC no qual o vértice A representa a cidade de Aleppo, na Síria; o vértice B representa a cidade de Berlim, na Alemanha, e o vértice C representa a cidade de Campinas, no Brasil.

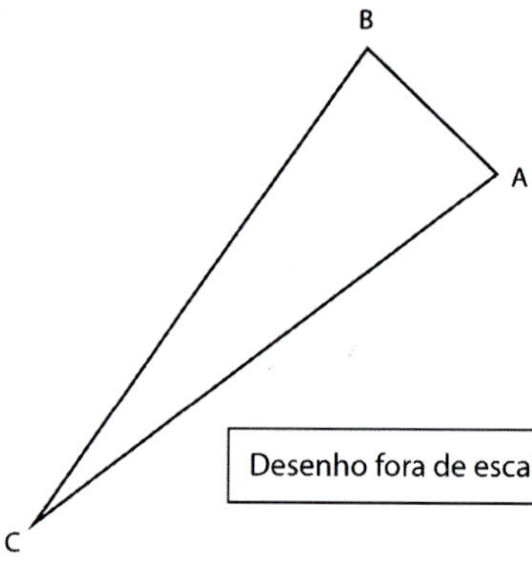

Desenho fora de escala.

Nesse triângulo, a distância entre A e B é de 3 700 km, a medida de $A\hat{C}B$ é igual a 18° e a medida de $A\hat{B}C$ é igual a 81°.

Com base nos dados apresentados, se um refugiado sírio viaja de Aleppo a Berlim e, em seguida, de Berlim a Campinas, terá percorrido no mínimo **x** quilômetros em todo o trajeto.

Adote:

- sen 18° = 0,31;
- cos 18° = 0,95;
- sen 81° = 0,98;
- cos 81° = 0,16.

O valor de **x** é mais próximo de:

a) 11300. **b)** 12300. **c)** 13300. **d)** 14300. **e)** 15300.

CAPÍTULO 13 ▪ CONCEITOS TRIGONOMÉTRICOS BÁSICOS

100. Priscilla resolveu fazer um passeio de bicicleta para aproveitar as férias. A bicicleta dela tem rodas traseira e frontal iguais, com diâmetros externos de medida de 50 cm. Assim que iniciou o passeio, Priscilla passou por cima de um chiclete, que grudou em uma das rodas. Ao final do passeio, ela percebeu que a posição do chiclete na roda estava formando um arco de 120° com o ponto inicial (parte da roda em contato com o chão). Assim, é possível afirmar que a distância do chiclete ao ponto inicial é:

a) $\frac{25\sqrt{3}}{2}$. **b)** 25. **c)** $25\sqrt{3}$. **d)** 50. **e)** $50\sqrt{3}$.

101. Nos últimos anos o Brasil vem acompanhando o crescimento do número de veículos automotores e, consequentemente, o aumento da quantidade de gases poluentes liberados – em especial o monóxido de carbono – e do descarte de pneus no meio ambiente. Uma alternativa viável para diminuir a agressão ao meio ambiente é a reciclagem e a utilização dos pneus para geração de energia.

Um pneu de um automóvel comum é capaz de rodar com segurança em torno de 50 000 km. Um fabricante, prometendo revolucionar o mercado, apresenta um pneu de automóvel com 40 cm de medida de diâmetro e com a capacidade de girar, com segurança, 50 milhões de vezes em torno do próprio eixo. Pode-se afirmar que o novo "modelo revolucionário" de pneu:

a) tem durabilidade inferior ao pneu comum.

b) tem durabilidade equivalente ao pneu comum.

c) tem durabilidade 10% superior ao pneu comum.

d) tem durabilidade 25% superior ao pneu comum.

e) tem durabilidade 40% superior ao pneu comum.

CAPÍTULO 14 ▪ TRANSFORMAÇÕES E RELAÇÕES TRIGONOMÉTRICAS

102. (Unitau-SP) Sabendo-se que θ é a medida de um ângulo agudo e que $\cos\theta = \frac{15}{17}$, é correto afirmar que:

a) $\text{sen}\,\theta = \frac{8}{15}$.

b) $\text{tg}\,\theta = \frac{8}{17}$.

c) $\text{cotg}\,\theta = \frac{17}{8}$.

d) $\sec\theta = \frac{17}{15}$.

e) $\text{cossec}\,\theta = \frac{15}{8}$.

103. (Mack-SP) O número de soluções que a equação $4\cos^2 x - \cos 2x + \cos x = 2$ admite no intervalo $[0, 2\pi]$ é:

a) 0. **b)** 1. **c)** 2. **d)** 3. **e)** 4.

104. (UEG-GO) Considerando-se que sen $(5°) = \frac{2}{25}$, tem-se que cos $(50°)$ é:

a) $\frac{\sqrt{2}}{50}(\sqrt{621} + 2)$.

b) $\frac{\sqrt{2}}{50}(\sqrt{621} - 2)$.

c) $\frac{\sqrt{2}}{50}(1 - \sqrt{621})$.

d) $\frac{\sqrt{2}}{50}(\sqrt{621} - 1)$.

105. (FGV-RJ) Seja **f** uma função real tal que $f\left(\frac{x-1}{x}\right) = x - 1$, para todo **x** real não nulo. Sendo $0 < \theta < \frac{\pi}{2}$, o valor de $f(\text{sen}^2\,\theta)$ é:

a) $\text{sen}^2\,\theta$.

b) $\cos^2\theta$.

c) $\text{tg}^2\,\theta$.

d) $\sec^2\theta$.

e) $\text{cossec}^2\,\theta$.

106. (Fuvest-SP) Um caminhão sobe uma ladeira com inclinação de 15°. A diferença entre a altura final e a altura inicial de um ponto determinado do caminhão, depois de percorridos 100 m da ladeira, será de, aproximadamente:

Dados: $\sqrt{3} \simeq 1{,}73$ e $\text{sen}^2\left(\frac{\theta}{2}\right) = \frac{1 - \cos\theta}{2}$.

a) 7 m.

b) 26 m.

c) 40 m.

d) 52 m.

e) 67 m.

CAPÍTULO 15 ▪ FUNÇÕES TRIGONOMÉTRICAS

107. (Enem) Raios de luz solar estão atingindo a superfície de um lago formando um ângulo **x** com a sua superfície, conforme indica a figura. Em determinadas condições, pode-se supor que a intensidade luminosa desses raios, na superfície do lago, seja dada aproximadamente por $I(x) = k \cdot \text{sen}\,(x)$ sendo **k** uma constante, e supondo-se que **x** está entre 0° e 90°.

Quando $x = 30°$, a intensidade luminosa se reduz a qual percentual de seu valor máximo?

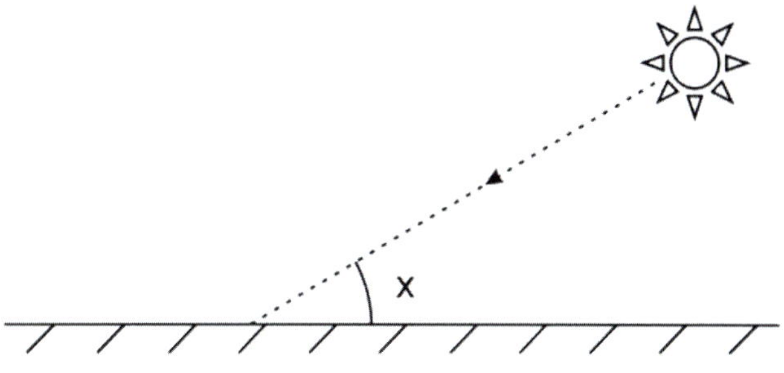

a) 33%

b) 50%

c) 57%

d) 70%

e) 86%

108. (EBMSP-BA) Uma empresa produz e comercializa insumos e equipamentos para laboratórios de pesquisa e de análises clínicas. Analisando os custos de produção, C, e as receitas auferidas na comercialização dessa produção, R, constataram-se, em um determinado ano, flutuações mensais aproximadas pelas funções $C(t) = 2 + \left(\frac{1}{4}\text{sen}\,\frac{\pi}{6}t\right)$ e $R(t) = 2 + \left(\frac{1}{2}\cos\,\frac{\pi}{6}t\right)$, $0 \leq t \leq 11$, em que $t = 0$ indica o mês de janeiro e $C(t)$ e $R(t)$ são dados em milhares de unidades monetárias.

Com base nesses dados, pode-se afirmar que, no mês de outubro:

a) houve prejuízo de 375 u. m.

b) houve prejuízo de 250 u. m.

c) houve lucro de 250 u. m.

d) houve lucro de 375 u. m.

e) não houve lucro nem prejuízo.

109. (Fasb-BA) No decorrer de um tratamento médico, a concentração, em $\mu g/\mu\lambda$, de uma droga na corrente sanguínea do paciente, a partir da segunda dose, flutua, durante um período de 8 horas, de acordo com a função $C(t) = 15{,}4 - 4{,}7\,\text{sen}\left(\frac{\pi}{4}t + \frac{\pi}{2}\right)$, $0 \leq t \leq 8$. Considerando-se, se necessário, $\sqrt{2} = 1{,}4$, pode-se estimar a concentração, em $\mu g/\mu\lambda$, dessa droga na corrente sanguínea do paciente, 5 horas após a administração de uma dose em, aproximadamente:

a) 18,4. **b)** 18,7. **c)** 19,0. **d)** 19,2. **e)** 19,4.

110. (Acafe-SC) Considere o caso abaixo e analise as afirmações a seguir.

Nos seres humanos a falta de vitamina D é associada ao risco de câncer, obesidade e uma série de outras doenças. Em certas épocas do ano, em determinada localidade, percebeu-se o aumento de casos de doenças associadas à falta de vitamina D. Nesse sentido, um estudo realizado modelou o número de horas com luz solar L(t) dessa localidade, em função do dia **t** do ano, através da função:

$$L(t) = 12 - 2{,}8\,\text{sen}\left(\frac{2\pi}{212}t\right)$$

Dessa forma, 1º de janeiro corresponde a $t = 1$, o dia 2 de janeiro é indicado por $t = 2$, e assim sucessivamente, até que 31 de julho corresponde a $t = 212$.

I. Com base na função L(t), o dia que possui o maior número de horas com luz solar nessa localidade ocorre no mês de fevereiro.

II. A função L(t) indica que o número mínimo de horas com luz solar nessa localidade, para algum dia do intervalo dado, é igual a 9,2 horas.

III. O dia que possui o maior número de horas com luz solar nessa localidade ocorre para $t = 159$.

IV. O período da função L(t) é 2π.

Todas as afirmações corretas estão em:

a) I – II – III. **b)** II – III – IV. **c)** II – III. **d)** III – IV.

111. O movimento de determinada partícula é dado por uma função cosseno. Sabe-se que o período desse movimento é π e que, no plano cartesiano (x, y), ele se inicia no ponto (3, 0). Além disso, o gráfico da função tem amplitude 2.

Com esses dados, é possível afirmar que a função é dada por:

a) $y = \cos(2x)$.

b) $y = 1 + 2\cos(2x)$.

c) $y = 1 + 2\cos x$.

d) $y = 2\cos x$.

e) $y = \text{sen}(2x)$.

112. (Enem) Um cientista, em seus estudos para modelar a pressão arterial de uma pessoa, utiliza uma função do tipo $P(t) = A + B\cos(kt)$ em que A, B e **k** são constantes reais positivas e **t** representa a variável tempo, medida em segundo. Considere que um batimento cardíaco representa o intervalo de tempo entre duas sucessivas pressões máximas. Ao analisar um caso específico, o cientista obteve os dados:

Pressão mínima	78
Pressão máxima	120
Número de batimentos cardíacos por minuto	90

A função P(t) obtida, por este cientista, ao analisar o caso específico foi:

a) $P(t) = 99 + 21\cos(3\pi t)$.

b) $P(t) = 78 + 42\cos(3\pi t)$.

c) $P(t) = 99 + 21\cos(2\pi t)$.

d) $P(t) = 99 + 21\cos(t)$.

e) $P(t) = 78 + 42\cos(t)$.

UNIDADE 7 MATRIZES E SISTEMAS LINEARES

CAPÍTULO 16 ▪ MATRIZES E DETERMINANTES

113. (Uerj) Para combater a subnutrição infantil, foi desenvolvida uma mistura alimentícia composta por três tipos de suplementos alimentares: I, II e III. Esses suplementos, por sua vez, contêm diferentes concentrações de três nutrientes: A, B e C. Observe as tabelas a seguir, que indicam a concentração de nutrientes nos suplementos e a porcentagem de suplementos na mistura, respectivamente.

Nutriente	Concentração dos suplementos alimentares (g/kg)		
	I	II	III
A	0,2	0,5	0,4
B	0,3	0,4	0,1
C	0,1	0,4	0,5

Suplemento alimentar	Quantidade na mistura (%)
I	45
II	25
III	30

A quantidade do nutriente C, em g/kg, encontrada na mistura alimentícia é igual a:

a) 0,235. **b)** 0,265. **c)** 0,275. **d)** 0,295.

114. (Unicamp-SP) Sendo **a** um número real, considere a matriz $A = \begin{pmatrix} 1 & a \\ 0 & -1 \end{pmatrix}$. Então, A^{2017} é igual a:

a) $\begin{pmatrix} 1 & 0 \\ 0 & 1 \end{pmatrix}$. **b)** $\begin{pmatrix} 1 & a \\ 0 & -1 \end{pmatrix}$. **c)** $\begin{pmatrix} 1 & 1 \\ 1 & 1 \end{pmatrix}$. **d)** $\begin{pmatrix} 1 & a^{2017} \\ 0 & -1 \end{pmatrix}$.

115. Durante as guerras, era comum o uso de mensagens criptografadas para passar informações da base para as tropas, pois, caso a mensagem fosse interceptada pelo inimigo, ele não teria acesso às informações sobre as táticas de batalha. Um dos métodos de criptografia usava uma matriz como "chave", por exemplo, $C = \begin{bmatrix} 1 & 2 \\ 3 & 4 \end{bmatrix}$, e o seguinte alfabeto numérico predeterminado:

A	B	C	D	E	F	G	H	I	...	O	P	Q	R	...	X	Y	Z
0	1	2	3	4	5	6	7	8	...	14	15	16	17	...	23	24	25

Por exemplo, para criptografar a palavra PERIGO, é necessário dispor os números correspondentes às letras em uma matriz com 2 linhas, para que a multiplicação da matriz "chave" pela matriz "frase" seja possível (ou seja, para que o número de colunas da primeira seja igual ao número de linhas da segunda).

Nessa matriz, temos $a_{11} = P$, $a_{12} = E$, $a_{13} = R$, $a_{21} = I$, $a_{22} = G$ e $a_{23} = O$ e, então, $F = \begin{bmatrix} 15 & 4 & 17 \\ 8 & 6 & 14 \end{bmatrix}$.

Ao fazer a multiplicação entre as matrizes "chave" e "frase" $(C \cdot F)$, encontramos a matriz criptografada (F^C). Fazendo uso do mesmo alfabeto numérico, caso algum número da matriz F^C obtida não esteja entre 0 e 25, devemos considerar o resto da divisão desse número por 26 (isso é chamado de aritmética modular).

Logo, a alternativa que representa a frase PERIGO criptografada é:

a) FQTZKD. **b)** FSTZHD. **c)** CQUAKD. **d)** GQTZKC. **e)** FSTZKC.

116. Referente ao texto do exercício anterior, sabe-se que eram utilizadas máquinas pré-configuradas com a inversa da matriz "chave" (C^{-1}) para agilizar o entendimento das mensagens criptografadas recebidas. Sem dispor de máquinas como essas, ao receber uma mensagem criptografada, seria necessário determinar a inversa da matriz "chave" para multiplicar pela matriz criptografada (F^C), encontrando assim a matriz "frase" (F).

Com base nessas informações, determine a inversa da matriz "chave" e verifique se a mensagem criptografada determinada no exercício anterior corresponde corretamente à frase PERIGO enviada.

117. A primeira fase do campeonato paraibano de futebol de 2017 foi disputado por 10 equipes. As tabelas abaixo mostram as informações referentes a essa competição. Na tabela 1, podemos observar a pontuação em relação ao número de vitórias, empates e derrotas e, na tabela 2, a quantidade de resultados das equipes.

Tabela 1

Resultado	Pontos (P)
Vitória (V)	3
Empate (E)	1
Derrota (D)	0

Tabela 2

Colocação	Equipe	V	E	D
1	Botafogo	13	1	4
2	Campinense	10	5	3
3	Treze	7	8	3
4	Atlético	7	6	5
5	Auto Esporte	7	4	7
6	Serrano	6	4	8
7	Sousa	5	6	7
8	CSP	5	3	10
9	Internacional	3	7	8
10	Paraíba	1	8	9

Obedecendo à condição de multiplicação de matrizes, podemos relacionar as 2 tabelas para determinar a pontuação que cada equipe obteve. Determine a ordem da multiplicação, observado o número de linhas e de colunas das matrizes, e efetue-a.

118. (Famerp-SP) No estudo da dinâmica de populações é comum ser necessário determinar o número real λ na equação $\det(M - \lambda I) = 0$ em que M é uma matriz quadrada, I é a matriz identidade, da mesma ordem de M, e det representa o determinante da matriz $(M - \lambda I)$.

Se, em um desses estudos, tem-se $M = \begin{bmatrix} 0 & 17 & 2 \\ 2 & 0 & 0 \\ 1 & 0 & 0 \end{bmatrix}$, o valor positivo de λ é igual a:

a) 5. **b)** 8. **c)** 9. **d)** 12. **e)** 6.

119. Apesar de definirmos os determinantes para matrizes quadradas, existem outros métodos de cálculo de determinantes para outras matrizes e que podem nos auxiliar, por exemplo, no cálculo da medida da área de figuras geométricas planas. Sejam os pontos $P_i(x_i, y_i)$, com $1 \leq i \leq n$, distribuídos no plano cartesiano de forma consecutiva, ou seja, $\overline{P_1P_2}, \overline{P_2P_3}, \overline{P_3P_4}, \ldots, \overline{P_nP_1}$ são os lados de um polígono, seja ele regular ou não, convexo ou não. Temos que a medida A da área desse polígono é dada por $A = \dfrac{|\det M|}{2}$, em que:

$$\det M = \begin{vmatrix} x_1 & x_2 & x_3 & \ldots & x_{(n-1)} & x_n & x_1 \\ y_1 & y_2 & y_3 & \ldots & y_{(n-1)} & y_n & x_2 \end{vmatrix} = x_1y_2 + x_2y_3 + \ldots + x_{(n-1)}y_n + x_ny_1 - x_2y_1 - x_3y_2 - \ldots - x_ny_{(n-1)} - x_1y_n.$$

Considerando essas informações, calcule a medida da área do hexágono irregular côncavo da figura a seguir.

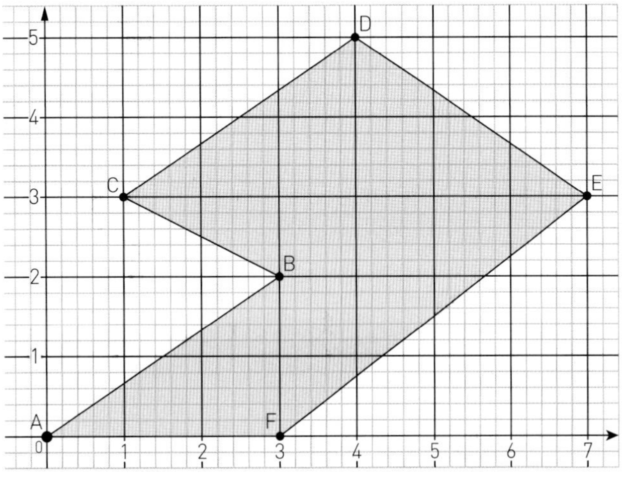

Banco de imagens/Arquivo da editora

120. Os vetores são segmentos de reta orientados muito utilizados em Matemática e Física. Podemos definir um vetor pela diferença entre as coordenadas das extremidades dele; por exemplo: $\overrightarrow{AB} = B - A$. Na Geometria analítica, o uso de determinantes associado a vetores nos fornece a possibilidade de calcular a medida do volume de um tetraedro no espaço tridimensional usando a expressão $V = \dfrac{|\det M|}{6}$, em que $\det M = \begin{vmatrix} x_1 & y_1 & z_1 \\ x_2 & y_2 & z_2 \\ x_3 & y_3 & z_3 \end{vmatrix}$ é o determinante da matriz e cada linha representa um vetor do tetraedro com origem em um mesmo vértice. Em outras palavras, $\overrightarrow{AB} = (x_1, y_1, z_1) = (x_B - x_A, y_B - y_A, z_B - z_A)$ e, de modo análogo, temos $\overrightarrow{AC} = (x_2, y_2, z_2)$ e $\overrightarrow{AD} = (x_3, y_3, z_3)$.

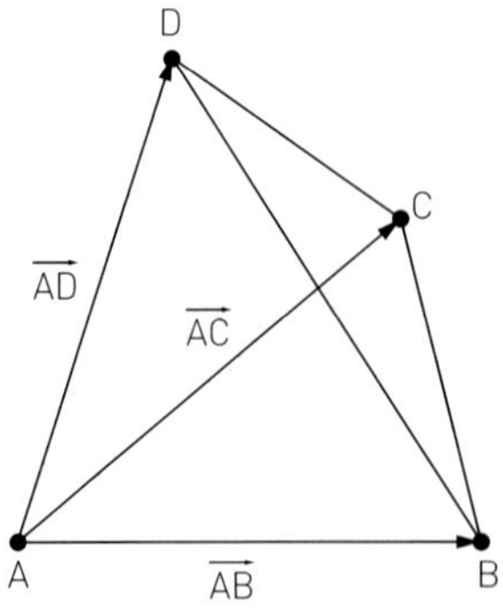

Banco de imagens/Arquivo da editora

Considerando esses dados, calcule a medida do volume de um tetraedro de vértices A(1, −1, 2), B(0, −1, 3), C(2, 0, −2) e D(3, 3, 1).

CAPÍTULO 17 ▪ SISTEMAS LINEARES

121. (Unicamp-SP) Sabendo que **k** é um número real, considere o sistema linear nas variáveis reais **x** e **y**,

$$\begin{cases} x + ky = 1 \\ x + y = k \end{cases}.$$

É correto afirmar que esse sistema:

a) tem solução para todo **k**.

b) não tem solução única para nenhum **k**.

c) não tem solução se $k = 1$.

d) tem infinitas soluções se $k \neq 1$.

122. (UEA-AM) Considere as matrizes $A = \begin{pmatrix} x & 3 \\ y & 4 \end{pmatrix}$ e $B = \begin{pmatrix} 1 & -1 & 2 \\ y & 1 & 1 \\ x & 0 & 5 \end{pmatrix}$, com **x** e **y** números reais. Sabendo que $\det A = \det B$ e que $x + y = 5$, o valor de x^y é igual a:

a) 1. **b)** 2. **c)** 6. **d)** 8. **e)** 9.

123. (Ifsul-RS) As idades de um casal são caracterizadas por dois números naturais desconhecidos, x e y. A soma das idades desse casal é de 64 anos e a diferença das idades é de 2 anos. Dessa forma, é correto afirmar que o produto das idades é:

a) 1 021. **b)** 1 022. **c)** 1 023. **d)** 1 024.

124. (UPE, SSA-2) Márcia e Marta juntas "pesam" 115 kg, Marta e Mônica "pesam" juntas 113 kg e Márcia e Mônica "pesam" juntas 108 kg. Qual é a soma dos "pesos" de Márcia, Marta e Mônica?

a) 205 kg **b)** 195 kg **c)** 187 kg **d)** 175 kg **e)** 168 kg

125. (ESPM-SP) Bia é 6 anos mais velha que Carla. Há 2 anos, a idade de Bia era o triplo da idade de Ana e daqui a 1 ano será igual à soma das idades de Ana e Carla. Podemos afirmar que:

a) Ana tem 7 anos.
b) Bia tem 12 anos.
c) Ana é mais velha que Carla.
d) Carla tem 6 anos.
e) Ana e Carla têm a mesma idade.

126. Um sistema de equações é dito possível e indeterminado quando tem infinitas soluções. Ao definir as condições iniciais de um problema, podemos usar uma das soluções do sistema como a resposta desejada. Uma aplicação desse conceito pode ser observada no balanceamento da equação química $wNH_3 + xO_2 \rightarrow yN_2 + zH_2O$, que representa a combustão da amônia. Podemos determinar o sistema:

$$\begin{cases} \text{Nitrogênio}: w = 2y \\ \text{Hidrogênio}: 3w = 2z \\ \text{Oxigênio}: 2x = z \end{cases} \Rightarrow \begin{cases} w - 2y = 0 \\ 3w - 2z = 0 \\ 2x - z = 0 \end{cases}$$

que é um sistema homogêneo com 3 equações e 4 incógnitas e, portanto, S. P. I. Contudo, se atribuirmos os menores valores inteiros para os coeficientes da equação, teremos como solução:

a) $w = 1, x = 2, y = 3$ e $z = 4$.
b) $w = 4, x = 3, y = 2$ e $z = 6$.
c) $w = 4, x = 2, y = 3$ e $z = 3$.
d) $w = 2, x = 2, y = 3$ e $z = 4$.
e) $w = 2, x = 1, y = 3$ e $z = 4$.

127. Um grupo de alunos decidiu comemorar a aprovação em Matemática em uma lanchonete. Fizeram um pedido de 13 coxinhas, 7 pastéis e 3 refrigerantes, pagando R$ 57,00 ao todo. Insatisfeitos com o término do lanche, decidiram fazer um novo pedido ao garçom: 6 coxinhas, 3 pastéis e 1 refrigerante, pagando R$ 24,00 ao todo. Quando estavam de saída da lanchonete, um dos alunos resolveu pedir ainda 1 coxinha, 1 pastel e 1 refrigerante para viagem. Quanto esse aluno pagou pela última compra?

Banco de imagens/Arquivo da editora

128. (Uniube-MG) Três diaristas, em conversa sobre seus rendimentos salariais mensais, descobriram que o dobro do rendimento da primeira, mais o rendimento da segunda, mais o triplo do rendimento da terceira, dá para comprar uma moto usada de R$ 7000,00. E que o rendimento da primeira mais o dobro do rendimento da terceira é igual ao rendimento da segunda. Finalmente que a metade do rendimento da primeira, mais a metade do rendimento da terceira, é o valor de um estofado de R$ 1000,00. Nessas condições, o rendimento de cada uma das diaristas, em reais, é de:

a) 1000, 1250 e 1250.
b) 250, 3500 e 3000.
c) 500, 3000 e 1000.
d) 2000, 500 e 1500.
e) 1500, 2500 e 500.

129. (PUC-SP) A soma dos quatro algarismos distintos do número N = abcd é 16. A soma dos três primeiros algarismos é igual ao algarismo da unidade e o algarismo do milhar é igual à soma dos algarismos da centena e da dezena. O produto dos algarismos da dezena e da centena é:

a) 4.
b) 3.
c) 2.
d) 1.

UNIDADE 8 GEOMETRIA PLANA E GEOMETRIA ESPACIAL

CAPÍTULO 18 ▪ GEOMETRIA PLANA: ÁREAS

130. (IFPE) Os estudantes do curso de saneamento do *campus* Recife estão construindo um ladrilho em homenagem ao IFPE, baseado no esboço abaixo.

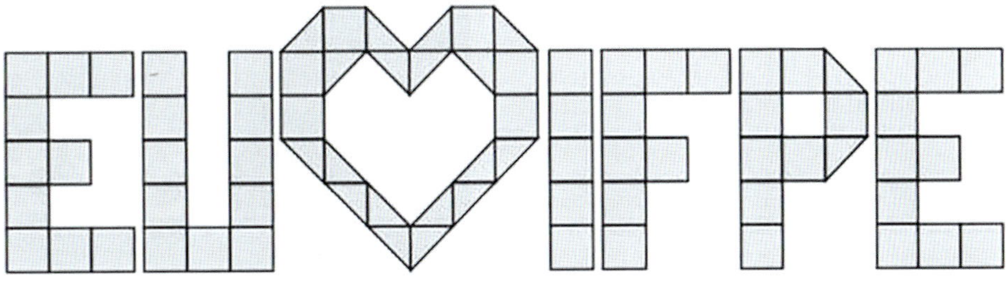

As cerâmicas escolhidas são quadradas, com 20 cm de lado, e, para formar os triângulos do esboço, realizaram um corte em uma das diagonais da cerâmica, sem perda de material. Se o preço da cerâmica escolhida é de R$ 12,50 por metro quadrado, qual o custo com cerâmica dessa obra?

a) R$ 34,00 **b)** R$ 32,00 **c)** R$ 33,00 **d)** R$ 35,00 **e)** R$ 36,50

131. (IFSC) O proprietário de alguns imóveis deseja vender um de seus terrenos para comprar um apartamento. Para que a imobiliária possa publicar o anúncio de venda em seu *site*, solicita ao proprietário que ele informe quais as dimensões do terreno. O dono, então, informa que se trata de um terreno retangular com 74 m de perímetro e que o comprimento do imóvel tem 5 m a mais do que sua largura. Assinale a alternativa correta. Com base nesses dados, o corretor de imóveis concluiu, de maneira correta, que as dimensões do terreno e sua área são, respectivamente:

a) 18 m, 23 m e 414 m^2.
b) 17 m, 22 m e 374 m^2.
c) 16 m, 21 m e 336 m^2.
d) 15 m, 20 m e 300 m^2.
e) 14 m, 19 m e 266 m^2.

132. Leia o texto a seguir.

Rio de Janeiro inaugura arcos olímpicos no Parque Madureira.

Construída em alumínio, a estrutura dos arcos olímpicos tem cerca de quatro toneladas e mede 25 metros de comprimento e 12 metros de altura, o equivalente a um prédio de quatro andares.

FOLHA. *Esporte*. Disponível em: <http://www1.folha.uol.com.br/esporte/2015/05/1631701-rio-de-janeiro-inaugura-aros-olimpicos-no-parque-madureira.shtml>. Acesso em: 2 abr. 2018.

Ricardo Borges/Folhapress

As circunferências superiores dos arcos olímpicos estão igualmente espaçadas e os centros delas pertencem a uma reta **r**. Já as circunferências inferiores são tangentes à reta **r**. Determine a medida da menor distância entre as 2 primeiras circunferências superiores.

a) 0,5 metro **b)** 1 metro **c)** 1,5 metro **d)** 2 metros **e)** 2,5 metros

133. (Enem) Para decorar uma mesa de festa infantil, um chefe de cozinha usará um melão esférico com diâmetro medindo 10 cm, o qual servirá de suporte para espetar diversos doces. Ele irá retirar uma calota esférica do melão, conforme ilustra a figura, e, para garantir a estabilidade deste suporte, dificultando que o melão role sobre a mesa, o chefe fará o corte de modo que o raio **r** da seção circular de corte seja de pelo menos 3 cm. Por outro lado, o chefe desejará dispor da maior área possível da região em que serão afixados os doces. Para atingir todos os seus objetivos, o chefe deverá cortar a calota do melão numa altura **h**, em centímetro, igual a:

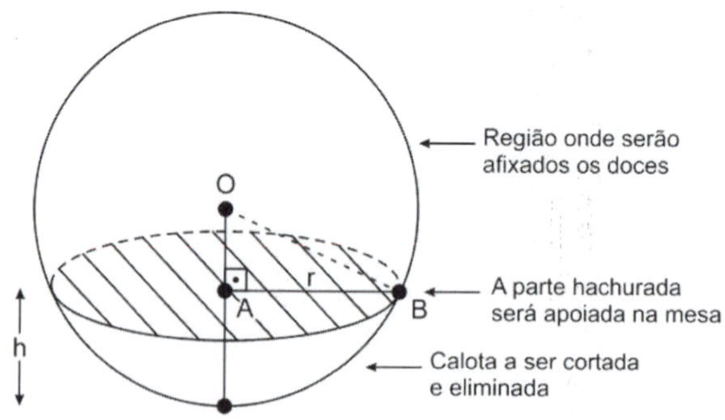

Reprodução/Enem, 2017

a) $5 - \frac{\sqrt{91}}{2}$. **b)** $10 - \sqrt{91}$. **c)** 1. **d)** 4. **e)** 5.

134. O guarda-sol é um acessório indispensável para quem quer aproveitar o verão e evitar queimaduras excessivas. Preguiça não é desculpa: melhor carregá-lo no carro ou no ônibus em vez de ficar com a pele exposta ao sol, especialmente durante o período menos recomendado, das 10 h às 15 h, ou para quem se esquece de reaplicar o filtro solar a cada 2 horas.

Exatamente ao meio-dia, a sombra de um guarda-sol cobre perfeitamente uma mesa quadrada, como mostra a figura ao lado. Sabendo que os lados da mesa têm medida de comprimento de 1 m e considerando $\pi = 3,14$, a medida da área da sombra gerada pelo guarda-sol fora da mesa é:

Jose Ignacio Soto/Shutterstock

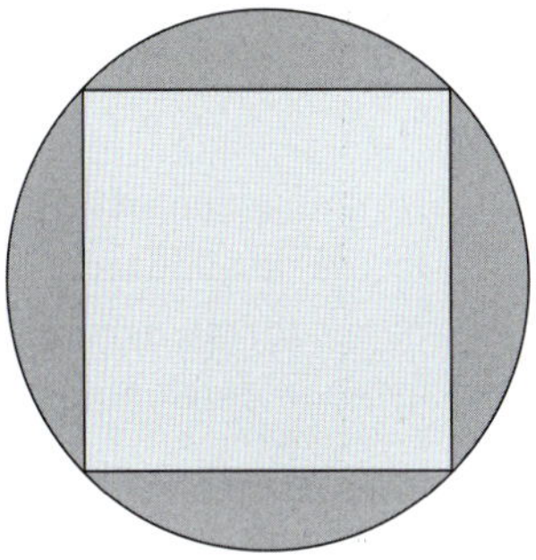
Banco de imagens/Arquivo da editora

a) 0,35 m².

b) 0,57 m².

c) 0,85 m².

d) 0,93 m².

e) 1,05 m².

135. (Uerj) Considere na imagem ao lado:

- os quadrados ACFG e ABHI, cujas áreas medem, respectivamente, S_1 e S2;
- o triângulo retângulo ABC;
- o trapézio retângulo BCDE, construído sobre a hipotenusa BC, que contém o ponto X.

Sabendo que CD = CX e BE = BX, a área do trapézio BCDE é igual a:

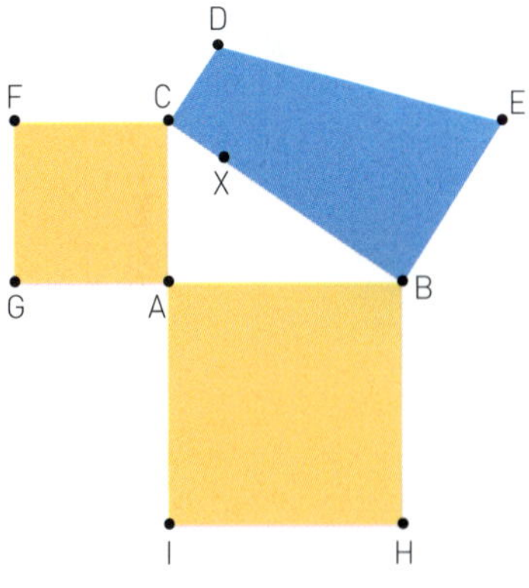

Reprodução/Uerj, 2018

a) $\dfrac{S_1 + S_2}{2}$.

b) $\dfrac{S_1 + S_2}{3}$.

c) $\sqrt{S_1 S_2}$.

d) $\sqrt{(S_1)^2 + (S_2)^2}$

136. Leia o texto.

A luminária painel de LED é uma ótima escolha para sua casa, pois une qualidade e economia. Capaz de economizar até 85% mais de energia elétrica se comparada com as lâmpadas convencionais, o painel de LED ainda oferece uma iluminação direta do ambiente com foco fixo. Com formatos variados, as luminárias painel de LED podem ser encontradas nos formatos quadrado ou redondo, com acabamento perfeito para sua decoração, [sendo a área do ambiente iluminado proporcional à área do painel de LED]. O tipo de fixação da luminária de LED no teto dependerá de cada modelo, que pode ser embutido – instalado em teto de gesso ou *drywall* – ou de sobrepor – ideal para iluminar ambientes com teto de alvenaria.

LEROY MERLIN. Disponível em: <www.leroymerlin.com.br/painel-slim-led?region=outros>. Acesso em: 2 abr. 2018.

Giedriusok/Shutterstock

Giedriusok/Shutterstock

Uma loja comercializa 2 tipos de painéis de LED, sendo um com a forma de quadrado, com medida de área igual a 400 cm^2, e o outro com a forma de círculo. Ambos são capazes de iluminar a mesma área de determinado ambiente.

Considerando as aproximações $\pi = 3$ e $\sqrt{3} = 1{,}73$, podemos estimar que a medida de comprimento aproximada do diâmetro do painel circular é:

a) 9 cm.
b) 11,5 cm.
c) 16 cm.
d) 20,5 cm.
e) 23 cm.

137. (Enem) A manchete demonstra que o transporte de grandes cargas representa cada vez mais preocupação quando feito em vias urbanas.

Caminhão entala em viaduto no centro

Um caminhão de grande porte entalou embaixo do viaduto no cruzamento das avenidas Borges de Medeiros e Loureiro da Silva no sentido centro-bairro, próximo à ponte de Pedra, na capital [Porto Alegre]. Esse veículo vinha de São Paulo para Porto Alegre e transportava três grandes tubos, conforme ilustrado na foto.

Disponível em: www.caminhoes-e-carretas.com.
Acesso em: 21 maio 2012 (adaptado).

Reprodução/Enem, 2017

Considere que o raio externo de cada cano da imagem seja 0,60 m e que eles estejam em cima de uma carroceria cuja parte superior está a 1,30 m do solo. O desenho representa a vista traseira do empilhamento dos canos.

A margem de segurança recomendada para que um veículo passe sob um viaduto é que a altura total do veículo com a carga seja, no mínimo, 0,50 m menor do que a altura do vão do viaduto.

Considere 1,7 como aproximação para $\sqrt{3}$.

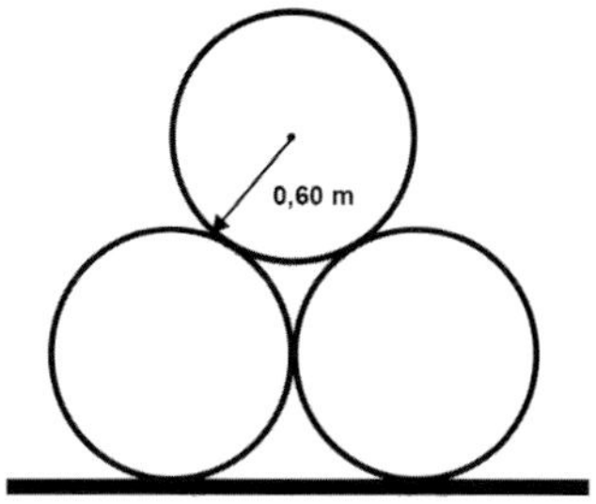

Reprodução/Enem, 2017

Qual deveria ser a altura mínima do viaduto, em metro, para que esse caminhão pudesse passar com segurança sob seu vão?

a) 2,82 **b)** 3,52 **c)** 3,70 **d)** 4,02 **e)** 4,20

138. Uma escola vai revestir a parte superior de 300 carteiras com folhas de compensado de madeira. A parte a ser revestida corresponde a um trapézio isósceles com bases de medida de comprimento de 80 cm e 40 cm e com medida de perímetro de 1,78 m. Prevendo possíveis erros de cortes e desperdícios em geral, há uma recomendação de se comprar $\frac{1}{3}$ a mais da medida exata da área necessária para o revestimento das cadeiras. Assim, a medida da área que deve ser comprada é de:

a) 12,6 m^2. **b)** 25,2 m^2. **c)** 37,8 m^2. **d)** 50,4 m^2. **e)** 63,0 m^2.

139. Muitas marcas de roupa usam símbolos simples para representá-la e, assim, tornar mais fácil a identificação da marca na roupa e permitir a identificação e a comercialização da marca em todos os países, não dependendo do idioma dele.

Um empresário deseja lançar uma nova marca de roupas de banho e, conhecendo as técnicas de adoção de símbolos usadas por outras marcas, produziu junto a uma equipe de *designers* gráficos o símbolo ao lado.

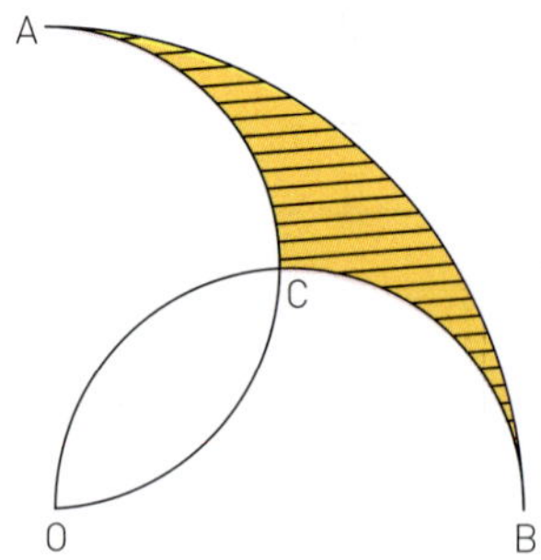

Banco de imagens/Arquivo da editora

Os *designers* gráficos obtiveram esse símbolo da interseção de 2 semicircunferências, de diâmetros de medida de comprimento AO = OB = 4 cm, com um quadrante AOB de uma circunferência, cujo raio tem medida de comprimento de 4 cm. A área hachurada da região limitada pelas semicircunferências e pelo quadrante mede:

a) $(24 + 4\pi)$ cm^2.

b) $(16 + 8\pi)$ cm^2.

c) $(2 + 4\pi)$ cm^2.

d) $(2\pi - 4)$ cm^2.

e) $(24 - 4\pi)$ cm^2.

140. Uma figura plana de largura constante tem a seguinte propriedade: sempre que encostamos nela 2 retas paralelas, de modo a cercá-la, a medida da distância entre as retas é constante. Além do círculo, o exemplo mais simples de uma figura como essa é o Triângulo de Reuleaux (homenagem ao cientista e engenheiro que o desenvolveu, Franz Reuleaux), que apresentamos aqui.

Stockphotos/Latinstock

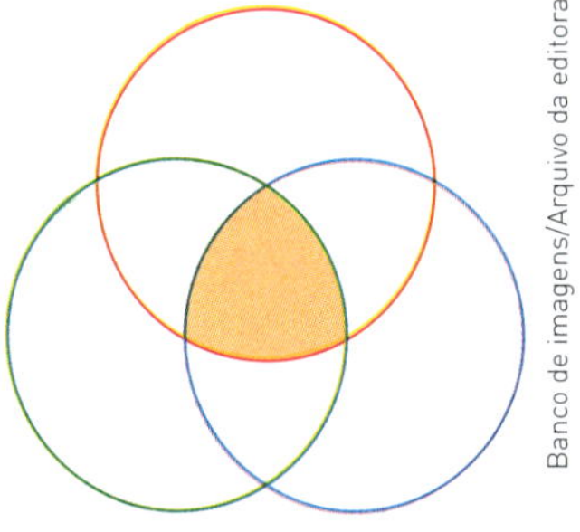

Banco de imagens/Arquivo da editora

Entre várias aplicações, uma delas é a de que o Triângulo de Reuleaux, ao assumir a forma de uma broca em uma furadeira, consegue fazer furos quadrados. A figura ao lado ilustra como é construído o Triângulo de Reuleaux: todos os círculos têm raio com a mesma medida de comprimento.

A área de um Triângulo de Reuleaux, considerando as circunferências de raios de medida de comprimento **r**, mede:

a) $\frac{r^2}{2}\left(\pi + \sqrt{3}\right)$.

b) $\frac{r^2}{2}\left(\pi - \sqrt{3}\right)$.

c) $\frac{r^2}{2}\left(\pi + \sqrt{5}\right)$.

d) $\frac{r^2}{2}\left(\pi - \sqrt{5}\right)$.

e) $\frac{r^2}{4}(\pi - 3)$.

141. (Unirv-GO) Em cada afirmação abaixo, marcar (V) se verdadeira ou (F) se falsa.

a) Se uma reta é paralela a um plano, então ela é paralela a todas as retas do plano.

b) Três retas paralelas e distintas podem ser coplanares ou podem formar três planos.

c) Duas retas que possuem um ponto em comum são concorrentes.

d) Uma reta e um plano são paralelos. Podemos afirmar que toda reta perpendicular a essa reta é perpendicular ao plano.

UNIDADE 9 POLIEDROS E CORPOS REDONDOS

CAPÍTULO 20 ▪ POLIEDROS: PRISMAS E PIRÂMIDES

142. João Gabriel utilizou uma tábua plana de dimensões de medidas 2 m × 1 m e afixou-a no chão e no muro, que é perpendicular ao chão, conforme a figura ao lado.

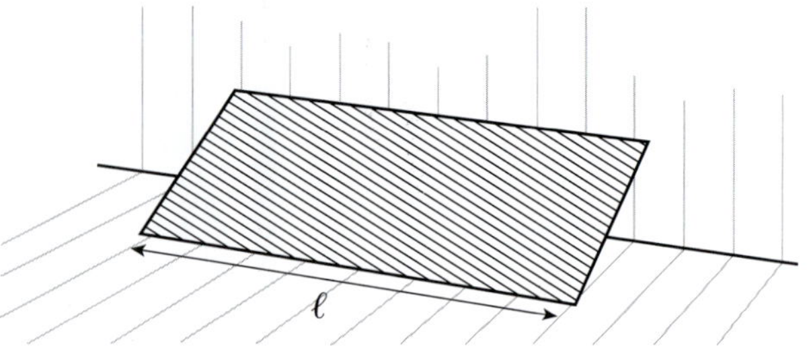

Banco de imagens/Arquivo da editora

João Gabriel posicionou a tábua de modo a maximizar o volume interno abaixo dela, que pode ser calculado como o produto da medida de comprimento $\ell = 2$ m da tábua pela medida da área da entrada triangular. Dessa maneira, o volume interno abaixo da tábua mede:

a) 0,33 m³. **b)** 0,50 m³. **c)** 0,66 m³. **d)** 0,71 m³. **e)** 0,96 m³.

143. (UFU-MG) Um *designer* de jogos virtuais está simulando alguns deslocamentos associados com uma pirâmide quadrangular regular, em que o lado do quadrado da base mede 40 cm.

Ele simula a trajetória de um lagarto pelas faces da pirâmide. Inicialmente o lagarto desloca-se de A até E e, posteriormente, de E até F, em que F é o ponto médio de CD. Cada um desses dois trechos da trajetória ocorre em linha reta. A projeção perpendicular dessa trajetória em ABCD, presente no plano da base da pirâmide, descreve uma curva R, a qual é a união de dois segmentos.

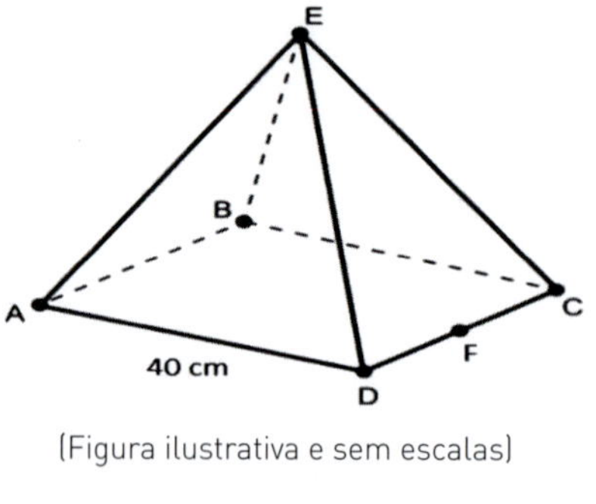

(Figura ilustrativa e sem escalas)

Reprodução/UFU-MG, 2017

Nessas condições, o comprimento de R, em cm, é igual a:

a) $20\sqrt{2}$. **b)** $40\sqrt{2}$. **c)** $40\left(1+\sqrt{2}\right)$. **d)** $20\left(1+\sqrt{2}\right)$.

144. (UFJF/Pism2-MG) Observe, abaixo, uma imagem desse vírus que tem a forma de um sólido geométrico.

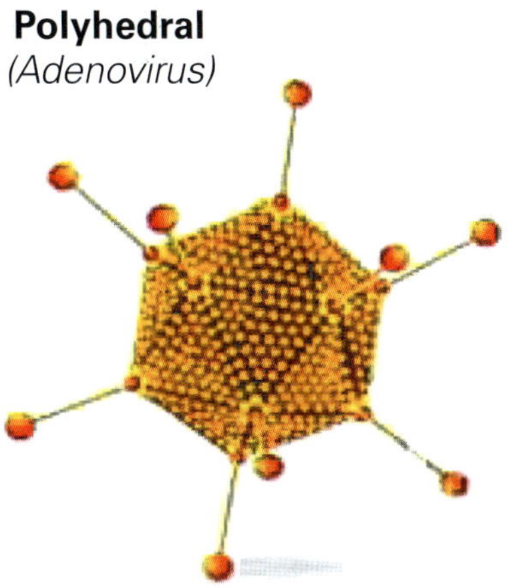

Disponível em: <http://thinkstockphotos.com/image/stockillustration-shapes-of-viruses/507687357>. Acesso em: 14 set. 2016.

Qual é a planificação do sólido representado por esse vírus?

a)

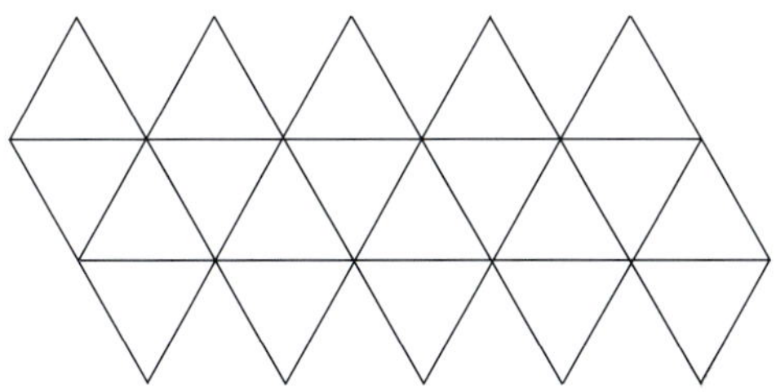

b)

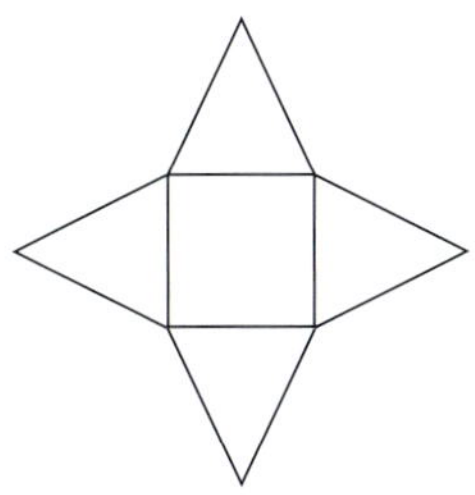

c)

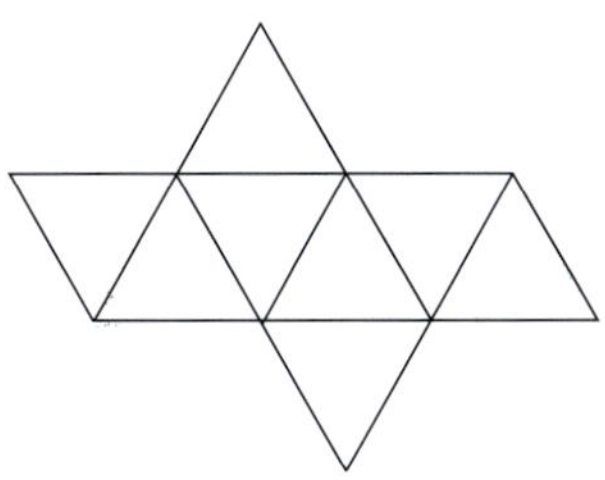

d)

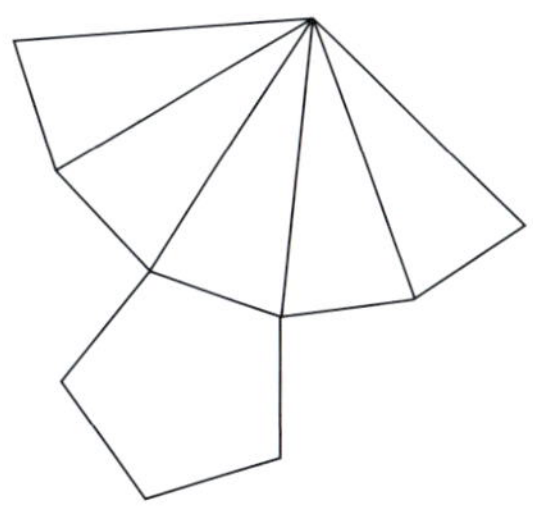

e)

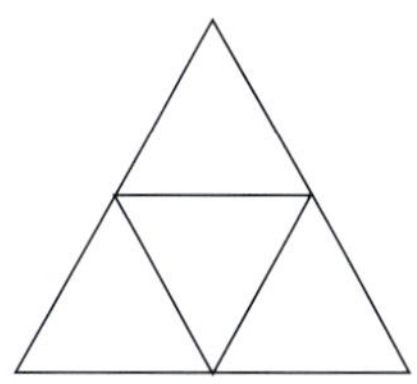

145. (Enem) Uma empresa especializada em conservação de piscinas utiliza um produto para tratamento da água cujas especificações técnicas sugerem que seja adicionado 1,5 mL desse produto para cada 1 000 L de água da piscina. Essa empresa foi contratada para cuidar de uma piscina de base retangular, de profundidade constante igual a 1,7 m e com largura e comprimento iguais a 3 m e 5 m respectivamente. O nível da lâmina d'água dessa piscina é mantido a 50 cm da borda da piscina.

A quantidade desse produto, em mililitro, que deve ser adicionada a essa piscina de modo a atender às suas especificações técnicas é:

a) 11,25. **b)** 27,00. **c)** 28,80. **d)** 32,25. **e)** 49,50.

146. (Enem) Um casal realiza sua mudança de domicílio e necessita colocar numa caixa de papelão um objeto cúbico, de 80 cm de aresta, que não pode ser desmontado. Eles têm à disposição cinco caixas, com diferentes dimensões, conforme descrito.

- Caixa 1: 86 cm × 86 cm × 86 cm.
- Caixa 2: 75 cm × 82 cm × 90 cm.
- Caixa 3: 85 cm × 82 cm × 90 cm.
- Caixa 4: 82 cm × 95 cm × 82 cm.
- Caixa 5: 80 cm × 95 cm × 85 cm.

O casal precisa escolher uma caixa na qual o objeto caiba, de modo que sobre o menor espaço livre em seu interior.

A caixa escolhida pelo casal deve ser a de número:

a) 1. **b)** 2. **c)** 3. **d)** 4. **e)** 5.

147. (IFPE) O hexafluoreto de enxofre é uma substância formada por um átomo de enxofre rodeado por seis átomos de flúor (SF6). No espaço, a molécula dá origem a um octaedro regular, com os centros dos átomos de flúor correspondendo aos vértices do octaedro e o centro do átomo de enxofre corresponde ao centro desse sólido, como ilustra a figura abaixo.

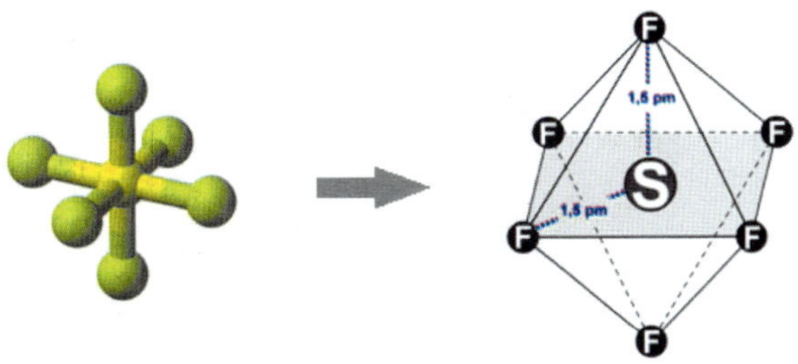

Reprodução/IFPE, 2017

Sabendo que a distância entre o centro do átomo de enxofre e o centro de qualquer átomo de flúor é de, aproximadamente, 1,5 pm (1 pm = 10^{-12} m), o volume do octaedro regular gerado pela molécula de SF6 é de:

a) 2,25 pm^3.
b) 1,5 pm^3.
c) 3,0 pm^3.
d) 3,5 pm^3.
e) 4,5 pm^3.

148. (IFSP) As pirâmides foram implantadas com técnicas bastante desenvolvidas há mais de 2 500 anos, e o uso da Matemática facilitou o cálculo na posição das pedras que se encaixaram umas sobre as outras. Historiadores e arqueólogos, que buscam respostas para os mistérios nas construções das pirâmides, chegaram à conclusão de que cada bloco de pedra, que era lapidado para ser utilizado na construção, pesava cerca de 2 toneladas. Na figura ao lado, pode-se observar uma pirâmide.

A área da base é 36 cm^2. Uma secção transversal feita a 3 cm da base tem 9 cm^2 de área. Diante do exposto, assinale a alternativa que apresenta a altura da pirâmide.

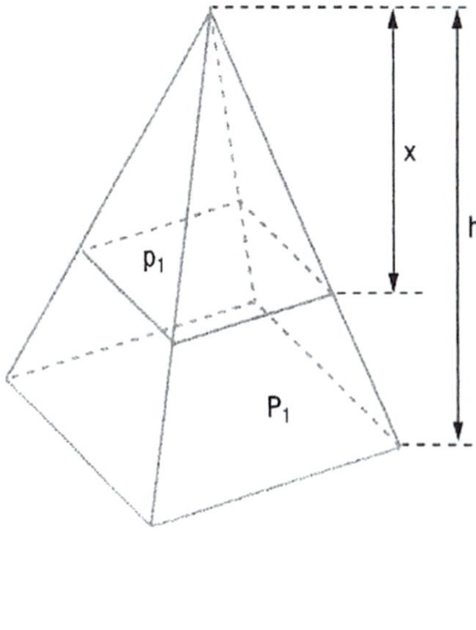

Reprodução/IFSP, 2015

a) 2 cm
b) 3 cm
c) 4 cm
d) 5 cm
e) 6 cm

149. (IFPE) Maria Carolina resolveu sair um pouco do seu regime e foi saborear uma deliciosa sobremesa composta por três bolas de sorvete e 27 uvas, conforme a imagem abaixo. Suponha que as bolas de sorvete e as uvas tenham formatos esféricos e que Maria Carolina comeu toda a sua sobremesa.

Disponível em: <http://s1.1zoom.me/big3/144/Ice_cream_Blueberries_440624.jpg>
Acesso em 20 maio 2017.

Usando $\pi = 3$, sabendo que os raios de cada bola de sorvete têm 4 cm e, de cada uva, 1 cm, podemos afirmar que ela consumiu, nessa sobremesa, em centímetros cúbicos, um total de:

a) 108. **b)** 768. **c)** 876. **d)** 260. **e)** 900.

150. (UFGD-MS) Um fabricante de doces produzirá chocolates em dois formatos, cônicos retos e cilíndricos retos, de modo que ambas as formas apresentem mesmo volume e bases circulares com mesma área. Qual a razão entre a altura **h** do chocolate cônico e a altura H do chocolate cilíndrico?

a) $\frac{h}{H} = 2$

b) $\frac{h}{H} = 3$

c) $\frac{h}{H} = \frac{1}{2}$

d) $\frac{h}{H} = \frac{1}{3}$

e) $\frac{h}{H} = 1$

151. (Enem) Na reforma e estilização de um instrumento de percussão, em formato cilíndrico (bumbo), será colada uma faixa decorativa retangular, como a indicada na figura, suficiente para cobrir integralmente, e sem sobra, toda a superfície lateral do instrumento.

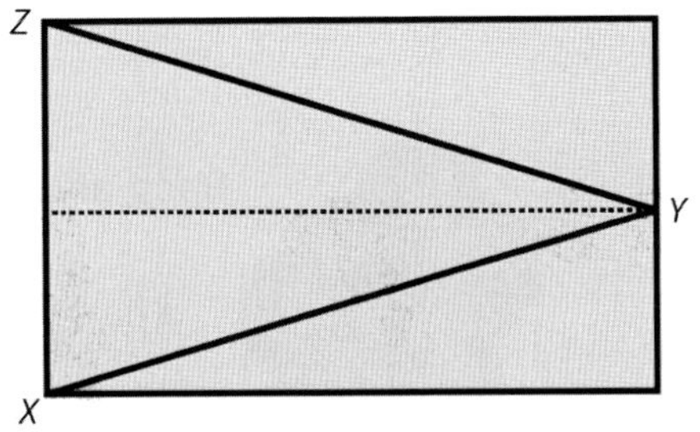

Ilustrações: Reprodução/Enem, 2016

Como ficará o instrumento após a colagem?

a) 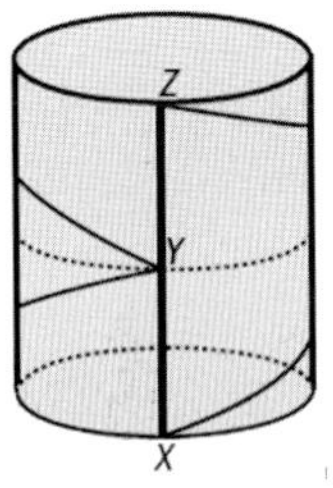

b) 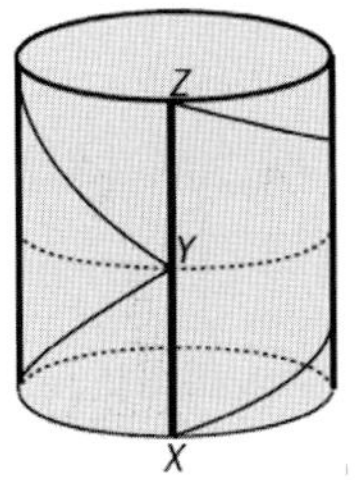

c) 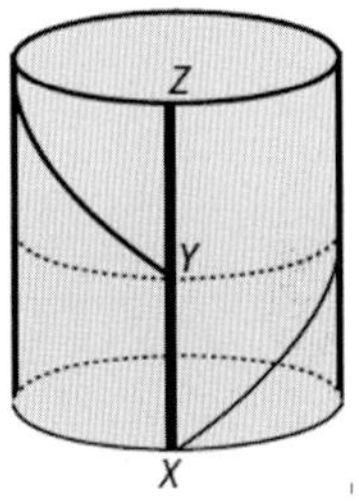

d) 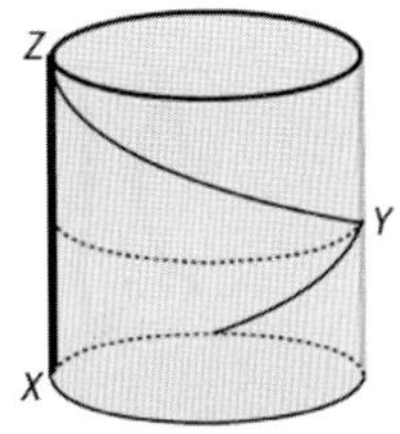

e) 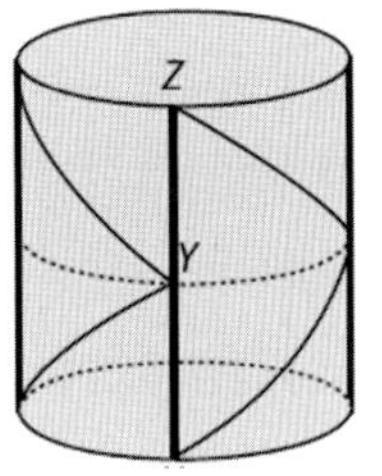

152. Leia o texto.

Os **alvéolos pulmonares** são pequenas estruturas encontradas nos sacos alveolares, ductos alveolares e bronquíolos respiratórios. [...] O oxigênio do ar alveolar passa para o sangue capilar através de um conjunto de membranas; o gás carbônico irá se difundir em direção contrária. Estima-se que os pulmões contenham aproximadamente 300 milhões de alvéolos, aumentando de forma considerável a superfície de trocas gasosas.

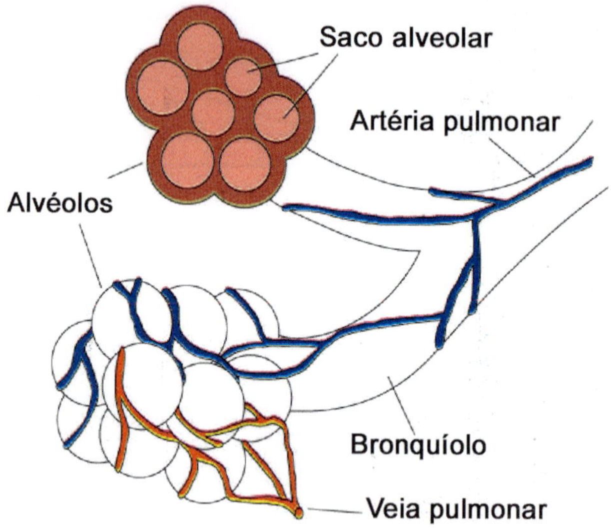

INFO ESCOLA. Disponível em: <www.infoescola.com/sistema-respiratorio/alveolos-pulmonares/>. Acesso em: 2 abr. 2018.

Considere que a medida total do volume de ar, em litros, nos pulmões de um adulto sadio em função da medida de tempo, em segundos, possa ser dada pela expressão $V(t) = 4 + 2 \cdot \cos\left(\frac{\pi}{3}t\right)$, e considere ainda todos os alvéolos com a capacidade volumétrica igual à dos pulmões e cada um com a forma de uma esfera perfeita. Determine a medida do volume de cada alvéolo quando a medida total do volume de ar nos pulmões for máxima.

(Dado: $1\ dm^3 = 1$ litro.)

a) $0{,}1\ mm^3$

b) $0{,}2\ mm^3$

c) $0{,}01\ mm^3$

d) $0{,}02\ mm^3$

e) $0{,}001\ mm^3$

153. O arremesso de peso é uma modalidade olímpica que consiste em o atleta arremessar uma bola de metal o mais longe possível.

Atualmente, homens e mulheres competem, em categorias diferentes, nas provas de arremesso de peso nos Jogos Olímpicos. A bola oficial masculina tem massa de medida de 7,26 kg e diâmetro de medida de comprimento de 12 cm; já a bola feminina tem massa de medida de 4 kg e diâmetro de medida de comprimento de 9 cm. Tomando 3 como aproximação para π, podemos afirmar que a diferença entre as medidas dos volumes dos pesos de arremesso masculino e feminino é:

Wagner Carmo/Folhapress

Atleta brasileiro Darlan Romani na prova de arremesso de peso nos Jogos Olímpicos do Rio de Janeiro. Foto de 18 de agosto de 2016.

a) 349,5 cm^3. **b)** 406,5 cm^3. **c)** 458,5 cm^3. **d)** 499,5 cm^3. **e)** 544,5 cm^3.

154. (Acafe-SC) Considere o caso abaixo e responda: quantas gotas dessa medicação o médico deve administrar utilizando o segundo conta-gotas, para garantir a mesma quantidade de medicamento do primeiro conta-gotas?

Certo paciente deve ingerir exatamente 7 gotas de um medicamento a ser administrado através de um conta-gotas cilíndrico cujo diâmetro mede **d** cm. Em certa ocasião, o médico tinha disponível apenas um segundo conta-gotas, também cilíndrico, cuja medida do diâmetro é igual à metade do diâmetro do primeiro conta-gotas. Sabe-se que o volume de cada gota equivale ao volume de uma esfera com mesmo diâmetro do conta-gotas utilizado para formá-la.

a) 14 gotas **b)** 3,5 gotas **c)** 7 gotas **d)** 56 gotas

155. (FMABC-SP) O balão intragástrico (BIG), utilizado no controle da obesidade, consiste em uma prótese de silicone no formato de uma esfera preenchida completamente com solução fisiológica, podendo variar sua capacidade entre 400 e 700 mL. Dependendo das necessidades do paciente, este balão pode ocupar de 20% a 70% da capacidade total do estômago.

Suponha que um paciente, cuja capacidade do estômago seja de 2 litros, precise reduzir essa capacidade em 25%. Desprezando a espessura da parede do balão, pode-se afirmar sobre o raio R desse balão que:

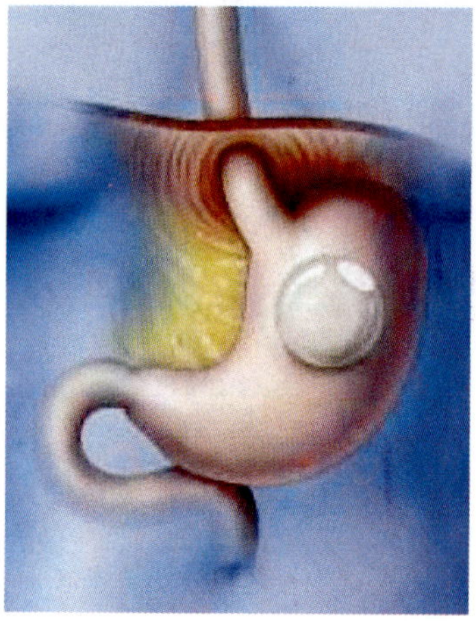

guidehomeo.com/dyspepsie/

a) $1,2 \leq R \leq 4,4$.

b) $R > 5$.

c) $4,5 \leq R \leq 5,3$.

d) $R = 5$.

156. (Mack-SP) Em um triângulo retângulo, a medida do menor cateto é 6 cm. Rotacionando esse triângulo ao redor desse cateto, obtém-se um sólido de revolução, cujo volume é 128π cm^3. Nessas condições, a área total da superfície do sólido obtido na revolução, em cm^2, é:

a) 144π.

b) 120π.

c) 80π.

d) 72π.

e) 64π.

UNIDADE 10 ANÁLISE COMBINATÓRIA E PROBABILIDADE

CAPÍTULO 22 ▪ ANÁLISE COMBINATÓRIA

157. (Enem) Como não são adeptos da prática de esportes, um grupo de amigos resolveu fazer um torneio de futebol utilizando *videogame*. Decidiram que cada jogador joga uma única vez com cada um dos outros jogadores. O campeão será aquele que conseguir o maior número de pontos. Observaram que o número de partidas jogadas depende do número de jogadores, como mostra o quadro:

Quantidade de jogadores	2	3	4	5	6	7
Número de partidas	1	3	6	10	15	21

Se a quantidade de jogadores for 8, quantas partidas serão realizadas?

a) 64 **b)** 56 **c)** 49 **d)** 36 **e)** 28

158. (Enem) Uma empresa construirá sua página na internet e espera atrair um público de aproximadamente um milhão de clientes. Para acessar essa página, será necessária uma senha com formato a ser definido pela empresa. Existem cinco opções de formato oferecidas pelo programador, descritas no quadro, em que "L" e "D" representam, respectivamente, letra maiúscula e dígito.

Opção	Formato
I	LDDDDD
II	DDDDDD
III	LLDDDD
IV	DDDDD
V	LLLDD

As letras do alfabeto, entre as 26 possíveis, bem como os dígitos, entre os 10 possíveis, podem se repetir em qualquer das opções. A empresa quer escolher uma opção de formato cujo número de senhas distintas possíveis seja superior ao número esperado de clientes, mas que esse número não seja superior ao dobro do número esperado de clientes.

A opção que mais se adéqua às condições da empresa é:

a) I. **b)** II. **c)** III. **d)** IV. **e)** V.

159. *The Voice Brasil* é um programa exibido pela Rede Globo de Televisão. Na temporada de 2017, foram 4 jurados (Lulu Santos, Carlinhos Brown, Ivete Sangalo e Michel Teló) e, nas audições, os participantes se apresentaram para os jurados, que ficam de costas, só escutando o candidato e sem contato visual com ele. O jurado que se interessar aperta um botão, a cadeira dele vira de frente para o candidato e assim ele assiste à apresentação. Para que o candidato passe para a próxima etapa, pelo menos 1 jurado deve apertar o botão.

O candidato "Cantaro Lando" participou da audição dessa temporada. De quantas maneiras diferentes ele pode ser escolhido pelos jurados e passar para a próxima etapa?

a) 4 **b)** 10 **c)** 12 **d)** 15 **e)** 20

160. Toda semana, um humorista conta sempre as mesmas 4 piadas: "Cheirinho de limão", "Papagaio", "Lenhador" e "Sogra", porém sem nunca repetir a mesma sequência. Sabendo que a piada "Cheirinho de limão" (que é a melhor do repertório dele) não pode ser a primeira a ser contada, de quantos modos esse humorista pode montar a sequência para apresentação?

a) 24 **b)** 18 **c)** 36 **d)** 12 **e)** 9

161. (Unisc-RS) Newton possui 7 livros distintos, sendo 3 de Álgebra, 2 de Cálculo e 2 de Geometria. O número de maneiras diferentes que Newton pode organizar esses livros em uma estante, de forma que os livros de um mesmo assunto permaneçam juntos, é:

a) 24. **b)** 36. **c)** 56. **d)** 72. **e)** 144.

162. Leia o texto a seguir.

A importância do inglês no mercado de trabalho é total.

Falar inglês, há muito tempo, deixou de ser desejável para se tornar obrigatório nas grandes empresas no mundo inteiro. E não estou falando apenas das multinacionais. O inglês é a língua da internet, da música mundial, do cinema internacional, da aviação e [da] navegação. É ainda a língua oficial dos documentos e encontros científicos, além dos esportes internacionais, como Jogos Olímpicos, do comércio mundial, etc.

METROPOLIS IDIOMAS. Disponível em: <www.metropolisidiomas.com.br/importancia-do-ingles-no-mercado-de-trabalho/>. Acesso em: 2 abr. 2018.

Dos 100 candidatos ao preenchimento de 4 vagas em certa empresa, sabe-se que 60 são do sexo masculino, 70 falam fluentemente inglês e 10 são mulheres que não falam fluentemente inglês. De quantos modos podem ser selecionados 2 homens e 2 mulheres entre os que não falam fluentemente inglês?

a) 34200 **b)** 23720 **c)** 18580 **d)** 10020 **e)** 8550

163. (UPF-RS) Na figura ao lado, as linhas horizontais e verticais representam ruas e os quadrados representam quarteirões. A quantidade de trajetos de comprimento mínimo ligando A a B é:

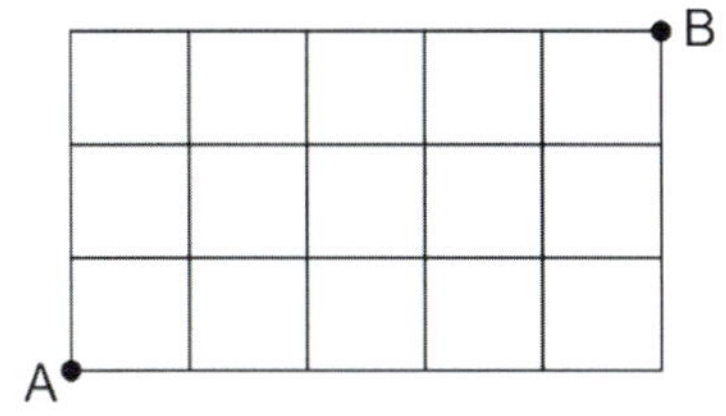

Reprodução/IPF, 2016

a) 40320.
b) 6720.
c) 256.
d) 120.
e) 56.

164. Leia.

> Projeto de lei do Senado que obriga as instituições de ensino superior a oferecer cursos e programas de extensão a pessoas idosas foi aprovado [...] em caráter conclusivo [...].
>
> [...] As instituições de educação superior ofertarão às pessoas idosas, na perspectiva da educação ao longo da vida, cursos e programas de extensão, presenciais ou a distância, constituídos por atividades intelectuais, físicas, culturais e artísticas.

Claudia Paulussen/Shutterstock

EBC AGÊNCIA BRASIL. *Direitos humanos*. Disponível em: <http://agenciabrasil.ebc.com.br/direitos-humanos/noticia/2017-09/projeto-determina-que-universidades-oferecam-curso-de-extensao>. Acesso em: 2 abr. 2018.

Um grupo de idosos formado por 5 homens e 8 mulheres, alunos de um curso de Tecnologia da Informação, reuniu-se em uma sala para fazer uma atividade em grupo. Sabe-se que, antes do início da atividade, cada mulher cumprimentou os homens e as demais mulheres, mas cada homem cumprimentou apenas as mulheres. Esse comportamento resultou em um total de:

a) 78 cumprimentos.
b) 72 cumprimentos.
c) 68 cumprimentos.
d) 65 cumprimentos.
e) 63 cumprimentos.

165. (Fuvest-SP) Doze pontos são assinalados sobre quatro segmentos de reta de forma que três pontos sobre três segmentos distintos nunca são colineares, como na figura.

O número de triângulos distintos que podem ser desenhados com os vértices nos pontos assinalados é:

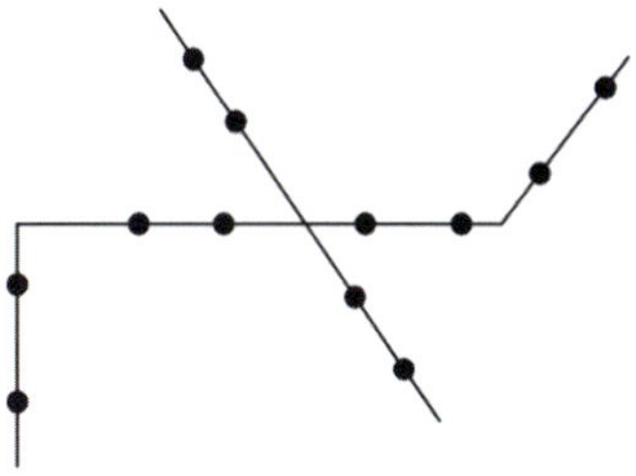

Reprodução/Fuvest-SP, 2018

a) 200.
b) 204.
c) 208.
d) 212.
e) 220.

166. Dez soldados têm alturas de medidas diferentes e devem formar uma fila.

Mauro Nakata/Arquivo da editora

O capitão diz que o mais alto e o mais baixo dos soldados não podem ocupar os extremos da fila, ou seja, nenhum deles pode ser o primeiro ou o último da fila. O número de maneiras diferentes como essa fila pode ser organizada é:

a) 10!. **b)** $56 \cdot 8!$. **c)** $C_{10,\,2}$. **d)** $5 \cdot A_{6,\,2}$. **e)** 12 548.

167. Leia o bilhete da imagem.

O pai de Catarina sempre usa todos os algarismos 1, 2, 3 e 4 para formar a senha do wi-fi, porém nenhum dos algarismos ocupa a posição original. Por exemplo: o algarismo 1 nunca estará na primeira posição, o algarismo 2 nunca estará na segunda posição, e assim por diante. Sabendo que as senhas têm sempre 4 algarismos, de quantos modos o pai de Catarina pode montar uma senha?

a) 7

b) 8

c) 9

d) 10

e) 11

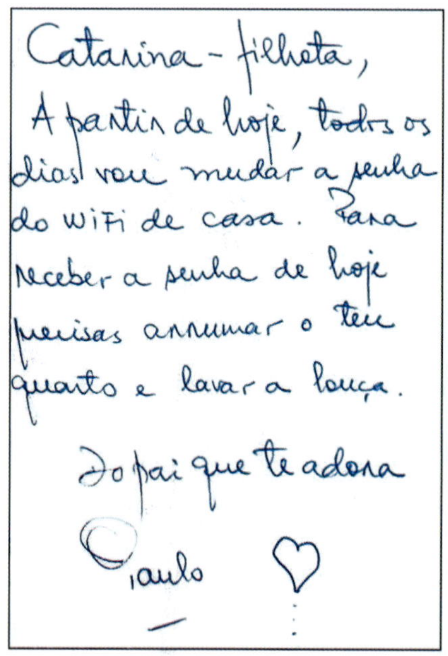

Catarina - filhota,

A partir de hoje, todos os dias vou mudar a senha do WiFi de casa. Para receber a senha de hoje precisas arrumar o teu quarto e lavar a louça.

Do pai que te adora

Paulo ♡

Paulo Machado/Arquivo pessoal

CAPÍTULO 23 ▪ PROBABILIDADE

168. (Falbe-SP) Suponha que nos Jogos Olímpicos de 2016 apenas um representante do Brasil faça parte do grupo de atletas que disputarão a final da prova de natação dos 100 metros livres. Considerando que todos os oito atletas participantes têm a mesma chance de vencer, a probabilidade de que o brasileiro receba uma das medalhas (ouro, prata ou bronze) é de:

a) 12,75%. **b)** 25,50%. **c)** 37,50%. **d)** 42,25%.

169. (Uerj) Cinco cartas de um baralho estão sobre uma mesa; duas delas são Reis, como indicam as imagens.

Reprodução/Uerj, 2018

Após serem viradas para baixo e embaralhadas, uma pessoa retira uma dessas cartas ao acaso e, em seguida, retira outra. A probabilidade de sair Rei apenas na segunda retirada equivale a:

a) $\frac{1}{2}$. **b)** $\frac{1}{3}$. **c)** $\frac{2}{5}$. **d)** $\frac{3}{10}$.

170. (Enem) Um morador de uma região metropolitana tem 50% de probabilidade de atrasar-se para o trabalho quando chove na região; caso não chova, sua probabilidade de atraso é de 25%. Para determinado dia, o serviço de meteorologia estima em 30% a probabilidade da ocorrência de chuva nessa região. Qual é a probabilidade de esse morador se atrasar para o serviço no dia para o qual foi dada a estimativa de chuva?

a) 0,075 **b)** 0,150 **c)** 0,325 **d)** 0,600 **e)** 0,800

171. O dominó é um jogo muito conhecido que tem 28 peças, cada uma delas com 2 números entre 0 e 6. Ele pode ser jogado de diversas maneiras e a mais comum é o jogo entre 2 duplas, em que cada participante pega 6 peças e 4 peças ficam "dormindo" sobre a mesa. Joãozinho está jogando uma partida com os colegas e sabe que quem tiver o "dozão" (peça com 6 e 6, ou sena e sena) inicia a partida. Qual é a probabilidade de que, após o embaralhamento das peças, Joãozinho pegue o "dozão"?

Elvira Koneva/Shutterstock

a) $\frac{1}{28}$ **b)** $\frac{1}{6}$ **c)** $\frac{1}{24}$ **d)** $\frac{6}{24}$ **e)** $\frac{6}{28}$

172. Em uma urna há 10 bolas azuis numeradas de 1 a 10 e 8 bolas vermelhas numeradas de 3 a 10. A probabilidade de sortearmos 1 bola que tenha um número ímpar ou um número maior do que 6 é:

a) $\frac{13}{18}$.

b) $\frac{17}{18}$.

c) $\frac{9}{15}$.

d) $\frac{16}{11}$.

e) $\frac{2}{3}$.

173. Em uma empresa será sorteada uma comissão de 3 representantes entre os funcionários Amarílio, Carlos, Fernando, José e Marco. A probabilidade de que Carlos e Fernando estejam na comissão e que José Antônio não esteja é de:

a) 10%.

b) 14%.

c) 20%.

d) 25%.

e) 27%.

Mauro Nakata/Arquivo da editora

174. (Unisc-RS) Dentre um grupo formado por 2 engenheiros e 4 matemáticos, três pessoas são escolhidas ao acaso. A probabilidade de que sejam escolhidos um engenheiro e dois matemáticos é de:

a) 25%. **b)** 35%. **c)** 39%. **d)** 50%. **e)** 60%.

175. Os jogos que utilizam dados são muito populares.

Quando 2 dados idênticos são lançados simultaneamente, qual é a probabilidade de obter 2 valores diferentes cuja soma é par?

Banco de imagens/ Arquivo da editora

a) $\frac{1}{6}$

b) $\frac{1}{5}$

c) $\frac{1}{4}$

d) $\frac{1}{3}$

e) $\frac{1}{2}$

176. Um grupo de colaboradores de uma escola está classificado da seguinte maneira:

Classificação

	Pedagogos	Docentes	Psicólogos
Homens	13	50	15
Mulheres	27	30	33

Sorteando aleatoriamente 1 das pessoas desse grupo (supondo que cada indivíduo tenha uma única profissão) e sabendo que a pessoa sorteada é mulher, a probabilidade de ela ser psicóloga é:

a) $\frac{33}{168}$. **b)** $\frac{5}{62}$. **c)** $\frac{11}{30}$. **d)** $\frac{4}{35}$. **e)** $\frac{12}{19}$.

177. (Enem) Numa avenida existem 10 semáforos. Por causa de uma pane no sistema, os semáforos ficaram sem controle durante uma hora e fixaram suas luzes unicamente em verde ou vermelho. Os semáforos funcionam de forma independente; a probabilidade de acusar a cor verde é de $\frac{2}{3}$ e a de acusar a cor vermelha é de $\frac{1}{3}$. Uma pessoa percorreu a pé toda essa avenida durante o período da pane, observando a cor da luz de cada um desses semáforos.

Qual a probabilidade de que esta pessoa tenha observado exatamente um sinal na cor verde?

a) $\frac{10 \cdot 2}{3^{10}}$ **b)** $\frac{10 \cdot 2^9}{3^{10}}$ **c)** $\frac{2^{10}}{3^{100}}$ **d)** $\frac{2^{90}}{3^{100}}$ **e)** $\frac{2}{3^{10}}$

178. Aceitar ser doador de órgãos é um ato de amor ao próximo. Uma das modalidades de transplante intervivos é o de medula óssea. A probabilidade de uma pessoa encontrar um doador de medula compatível entre irmãos (mesmo pai e mesma mãe) é de 25%.

Uma criança que tem 3 irmãos, de mesmos pais, precisa de um transplante de medula. Qual é, aproximadamente, a probabilidade de conseguir a compatibilidade entre irmãos?

a) 58% **b)** 46% **c)** 74% **d)** 35% **e)** 91%

UNIDADE II GEOMETRIA ANALÍTICA

CAPÍTULO 24 • GEOMETRIA ANALÍTICA: PONTO E RETA

179. (Unisc-RS) Os pontos $(0, -1)$, $(1, 2)$ e $(3, K)$ do plano são colineares. O valor de K é igual a:

a) 0. **b)** 2. **c)** −2. **d)** 8. **e)** −8.

180. (Uece) Em um plano, munido do referencial cartesiano usual, seja A o ponto de interseção das retas $3x + y + 4 = 0$ e $2x - 5y + 14 = 0$. Se os pontos B e C são respectivamente as interseções de cada uma destas retas com o eixo **x**, então, a área do triângulo ABC é igual a:

u. a. = unidade de área

a) $\frac{13}{3}$ u. a. **b)** $\frac{14}{3}$ u. a. **c)** $\frac{16}{3}$ u. a. **d)** $\frac{17}{3}$ u. a.

181. (UEG-GO) Na figura ao lado, a reta que passa pelos pontos A e B possui equação $y = 2x - 1$, ao passo que a reta que contém os pontos B e C é $y = -2x + 11$.

Dessa forma, a altura **h** na figura é:

a) 4,5. **c)** 6,0. **e)** 6,5.

b) 5,5. **d)** 5,0.

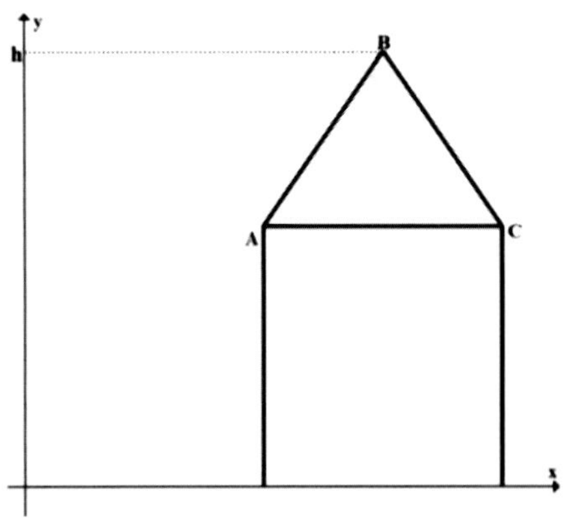

182. (UFPR) Considere a reta R de equação $y = 2x + 1$. Qual das retas abaixo é perpendicular à reta R e passa pelo ponto $P = (4, 2)$?

a) $y = \frac{1}{2}x$ **c)** $y = -\frac{1}{2}x + 5$ **e)** $y = -\frac{1}{2}x + 4$

b) $y = -2x + 10$ **d)** $y = -2x$

183. (UFU-MG) Uma máquina moderna usa um sistema de coordenadas cartesianas xOy para representar a forma e a dimensão (mapear) dos objetos que serão cortados, furados, etc. Uma chapa metálica delgada triangular é mapeada pelo triângulo de vértices $A = (-3, 0)$, $B = (1, 4)$ e $C = (5, -4)$ e será feito um furo circular de raio uma unidade de comprimento, com centro no centro de massa dessa chapa (baricentro do triângulo). Para realizar esse procedimento com precisão, a máquina calcula a equação cartesiana do círculo.

Elabore e execute um plano de resolução que conduza à determinação do centro de massa e da equação desse círculo.

184. (FGV-SP) No plano cartesiano, a região determinada pelas inequações simultâneas $x^2 + y^2 \leqslant 4$ e $x + y \leqslant 0$ tem área igual a:

a) 2π.
b) $2{,}5\pi$.
c) 3π.
d) $3{,}5\pi$.
e) 4π.

185. (USF-SP) No sistema de coordenadas cartesianas, a reta **r** passa pela origem do sistema e pelo centro da circunferência de equação $2x^2 + 2y^2 - 16x - 12y + 18 = 0$. A equação da reta **s**, que é paralela à reta **r** e que passa pelo ponto $(-1, -3)$, é:

a) $3x - 4y - 9 = 0$.
b) $4x - 3y - 9 = 0$.
c) $3x - 4y - 15 = 0$.
d) $4x - 3y - 5 = 0$.
e) $4x - y - 5 = 0$.

186. (Mack-SP) Vitória-régia é uma planta aquática típica da região amazônica. Suas folhas são grandes e têm formato circular, com uma capacidade notável de flutuação, graças aos compartimentos de ar em sua face inferior. Em um belo dia, um sapo estava sobre uma folha de vitória-régia, cuja borda obedece à equação $x^2 + y^2 + 2x + y + 1 = 0$, apreciando a paisagem ao seu redor. Percebendo que a folha que flutuava a sua frente era maior e mais bonita, resolveu pular para essa folha, cuja borda é descrita pela equação $x^2 + y^2 - 2x - 3y + 1 = 0$.

A distância linear mínima que o sapo deve percorrer em um salto para não cair na água é:

a) $2\left(\sqrt{2}-1\right)$. **b)** 2. **c)** $2\sqrt{2}$. **d)** $\sqrt{2}-2$. **e)** $\sqrt{5}$.

187. Uma rotatória localizada no centro de uma grande cidade foi projetada com o objetivo de ligar várias avenidas.

De acordo com o projeto da rotatória, foi representada uma circunferência de equação $x^2 + y^2 - 10x - 10y + 25 = 0$. No mesmo projeto, tem-se um sistema de esgoto na direção da reta de equação $y - x = 10$, que ainda será construído como parte do processo de saneamento básico. Por recomendação de segurança, o sistema de esgoto deve ficar a uma medida mínima de distância de 1,5 metro da rotatória. Considerando que o projeto foi produzido no mesmo plano cartesiano, pode-se concluir que:

Ernesto Reghran/Pulsar Imagens

Rotatória em Londrina, PR, 2011.

a) o projeto deverá ser refeito, já que a medida mínima da distância é de 1 m e não satisfaz a recomendação de segurança.

b) o projeto deverá ser refeito, já que a direção do esgoto é tangente à rotatória e não satisfaz a recomendação de segurança.

c) o projeto deverá ser aceito, já que a medida mínima da distância da direção do esgoto é de aproximadamente 2,0 m e satisfaz as condições de segurança.

d) o projeto deverá ser aceito, já que a medida mínima da distância da direção do esgoto é de aproximadamente 7,0 m e satisfaz as condições de segurança.

e) o projeto deverá ser aceito, já que a medida mínima da distância da direção do esgoto é exatamente de 1,5 m e satisfaz as condições de segurança.

188. (Uncisal) Um projeto de atividades extraclasse de uma escola reuniu as disciplinas Filosofia, definindo o tema (Promoção da Felicidade), Português, estabelecendo o *slogan* (Seja mais feliz: sorria sempre) e Matemática. O símbolo da campanha, que foi definido através de um concurso junto ao alunado, previa sua construção com a utilização apenas de gráficos de funções e figuras planas. A figura apresenta o símbolo vencedor, que foi concebido com três circunferências (uma representando o rosto e duas representando os olhos) e partes de duas parábolas definindo a boca, aberta num longo sorriso.

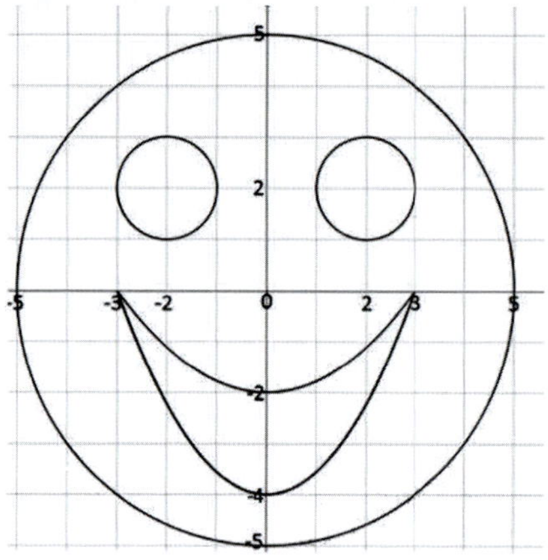

Reprodução/Uncisal, 2017

As expressões matemáticas utilizadas para desenhar o rosto, o olho direito e o lábio superior foram, respectivamente:

a) $x^2 + y^2 = 5$; $(x - 2)^2 + (y + 2)^2 = 1$ e $y = \left(\frac{4}{9}\right)x^2 - 4$.

b) $x^2 + y^2 = 5$; $(x + 2)^2 + (y - 2)^2 = 1$ e $y = \left(\frac{4}{9}\right)x^2 - 4$.

c) $x^2 + y^2 = 25$; $(x + 2)^2 + (y - 2)^2 = 1$ e $y = \left(\frac{4}{9}\right)x^2 - 4$.

d) $x^2 + y^2 = 25$; $(x - 2)^2 + (y + 2)^2 = 1$ e $y = \left(\frac{2}{9}\right)x^2 - 2$.

e) $x^2 + y^2 = 25$; $(x + 2)^2 + (y - 2)^2 = 1$ e $y = \left(\frac{2}{9}\right)x^2 - 2$.

189. (Unifor-CE) A empresa Ciclos produz dois tipos de bicicletas: Veloz e Rapidez. As possíveis quantidades **x** de bicicletas Veloz e **y** de bicicletas Rapidez produzidas anualmente (em milhares) estão relacionadas pela equação chamada de Curva de Transformação de Produtos:

$$100x^2 + 9y^2 - 1200x - 216y + 3996 = 0.$$

A soma da quantidade máxima (em milhares) de cada tipo de bicicleta que pode ser fabricada anualmente é de:

a) 18. **b)** 23. **c)** 27. **d)** 31. **e)** 38.

190. (Mack-SP) Dadas as cônicas de equações (I) $x^2 + y^2 - 2x + 8y + 8 = 0$ e (II) $4x^2 + y^2 - 8x + 8y + 16 = 0$, assinale a alternativa incorreta.

a) Os gráficos de (I) e (II) são, respectivamente, uma circunferência e uma elipse.

b) As duas cônicas têm centro no mesmo ponto.

c) As duas cônicas se interceptam em dois pontos distintos.

d) O gráfico da equação (I) é uma circunferência de raio 3.

e) O gráfico da equação (II) é uma elipse com centro $C = (1, -4)$.

191. (UEG-GO) Johannes Kepler (1571-1630), grande astrônomo alemão, formulou as leis que regem os movimentos dos planetas. A primeira lei de Kepler estabelece que "todo planeta descreve uma órbita elíptica ao redor do Sol, estando este num dos focos da elipse". A excentricidade da órbita elíptica da Terra, baseada em medições dos astrônomos, é igual a 0,02. Em um desenho esquemático da órbita da Terra, em que o eixo maior mede 12 cm, determine qual deve ser a medida da distância focal para que o desenho mantenha a mesma excentricidade encontrada pelos astrônomos.

192. (Unimontes-MG) Quantos pontos têm em comum a parábola $3x^2 - y + 1 = 0$ e a circunferência $x^2 + y^2 - 4y + 3 = 0$?

a) 2 pontos

b) 1 ponto

c) 4 pontos

d) 3 pontos

UNIDADE 12 ESTATÍSTICA, NÚMEROS COMPLEXOS E POLINÔMIOS

CAPÍTULO 27 ▪ ESTATÍSTICA

193. (UCB-DF) A média salarial dos 100 funcionários de uma empresa é R$ 3200,00. Se forem dispensados 20 funcionários com média salarial de R$ 4000,00, a média salarial, em reais, dos que ficarem na empresa será igual a:

a) 2800. **b)** 3000. **c)** 3200. **d)** 3600. **e)** 4000.

194. O final do ano letivo é preocupante para alguns alunos. Em uma escola, os alunos fazem cálculos no quarto bimestre para saber se precisarão fazer a Prova Final (PF) e quantos pontos precisarão obter nela usando a fórmula $MF = \frac{6 \cdot MA + 4 \cdot PF}{10}$, em que MF é a média final, que deve ser maior ou igual a 5,0, e MA é a média anual das provas feitas nos 4 bimestres.

Em Matemática, Joãozinho tem média 4,0 no 1º bimestre, 6,0 no 2º e 5,0 no 3º. Mesmo sabendo que precisará fazer a Prova Final, Joãozinho se dedica ao máximo no 4º bimestre. Esse bimestre tem 2 avaliações e ele já sabe que tirou 8,0 na primeira e ainda fará a segunda avaliação. Considerando as informações, qual é a menor nota que Joãozinho pode tirar na Prova Final para passar de ano na disciplina de Matemática?

a) 2,0 **b)** 3,0 **c)** 3,5 **d)** 4,5 **e)** 5,5

195. (UFPR) Em um grupo de 6 pessoas, a média das idades é 17 anos, a mediana é 16,5 anos e a moda é 16 anos. Se uma pessoa de 24 anos se juntar ao grupo, a média e a mediana das idades do grupo passarão a ser, respectivamente:

a) 17 anos e 17 anos.
b) 18 anos e 17 anos.
c) 18 anos e 16,5 anos.
d) 20,5 anos e 16,5 anos.
e) 20,5 anos e 20,25 anos.

196. (Enem) A avaliação de rendimento de alunos de um curso universitário baseia-se na média ponderada das notas obtidas nas disciplinas pelos respectivos números de créditos, como mostra o quadro:

Avaliação	Média de notas (M)
Excelente	$9 < M \leqslant 10$
Bom	$7 < M \leqslant 9$
Regular	$5 < M \leqslant 7$
Ruim	$3 < M \leqslant 5$
Péssimo	$M < 3$

Quanto melhor a avaliação de um aluno em determinado período letivo, maior sua prioridade na escolha de disciplinas para o período seguinte. Determinado aluno sabe que se obtiver avaliação "Bom" ou "Excelente" conseguirá matrícula nas disciplinas que deseja. Ele já realizou as provas de 4 das 5 disciplinas em que está matriculado, mas ainda não realizou a prova da disciplina I, conforme o quadro.

Disciplinas	Notas	Número de créditos
I		12
II	8,00	4
III	6,00	8
IV	5,00	8
V	7,50	10

Para que atinja seu objetivo, a nota mínima que ele deve conseguir na disciplina I é:

a) 7,00. **b)** 7,38. **c)** 7,50. **d)** 8,25. **e)** 9,00.

197. (Enem) O gráfico apresenta a taxa de desemprego (em %) para o período de março de 2008 a abril de 2009, obtida com base nos dados observados nas regiões metropolitanas de Recife, Salvador, Belo Horizonte, Rio de Janeiro, São Paulo e Porto Alegre.

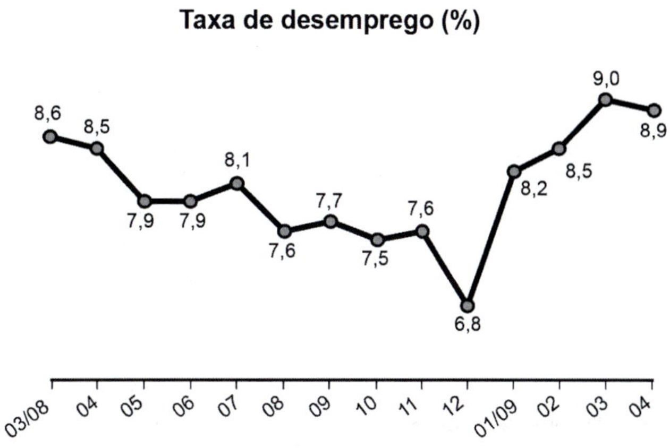

IBGE. *Pesquisa mensal de emprego*. Disponível em: www.ibge.gov.br. Acesso em: 30 jul. 2012 (adaptado).

A mediana dessa taxa de desemprego, no período de março de 2008 a abril de 2009, foi de:

a) 8,1%.
b) 8,0%.
c) 7,9%.
d) 7,7%.
e) 7,6%.

198. (UEG-GO) Os números de casos registrados de acidentes domésticos em uma determinada cidade nos últimos cinco anos foram: 100, 88, 112, 94 e 106. O desvio padrão desses valores é aproximadamente:

a) 3,6. **b)** 7,2. **c)** 8,5. **d)** 9,0. **e)** 10,0.

CAPÍTULO 28 ▪ NÚMEROS COMPLEXOS

199. (IFPE) Wilton entrou na sala e ao olhar para o quadro se deparou com algumas anotações deixadas de uma aula anterior, porém o resultado estava apagado.

Após alguns segundos, ele percebeu que a letra **i** tratava-se da unidade imaginária e conseguiu encontrar a solução correta da expressão. O valor em questão é:

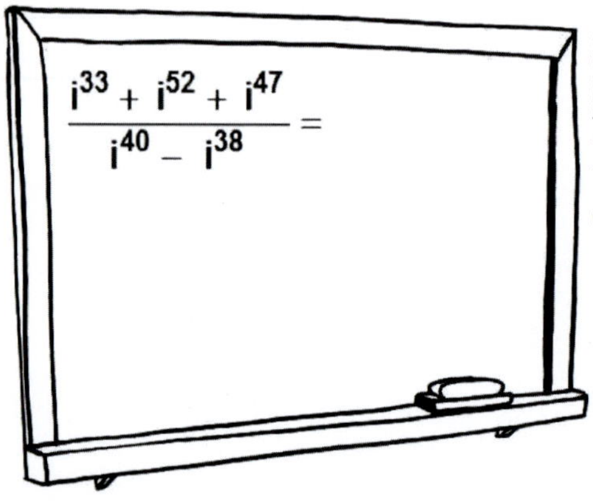

Reprodução/IFPE, 2016

a) 0. **b)** $\frac{1}{2}$. **c)** 2. **d)** 1. **e)** i.

200. (UEA-AM) Considere os números complexos $z_1 = 2a + (b + 2)i$ e $z_2 = 3(b + 1) + ai$, com **a** e **b** números reais. Sabendo que $z_1 = z_2$, o valor de $a \cdot b$ é:

a) 2. **b)** 3. **c)** 4. **d)** 5. **e)** 6.

201. Sendo $z = (1 + i)(2 - i)(3 + i)$ um número complexo, é correto afirmar que o conjugado dele é:

a) $2 + 6i$. **b)** $8 + 3i$. **c)** $2 - 6i$. **d)** $8 - 6i$. **e)** $2 + 3i$.

202. Considere os números complexos $m = (3 + ai)(2 + i)$ e $n = 3 + 2i$, com $a \in \mathbb{R}$.

(I) Se $a = 6$, então **m** é imaginário puro;

(II) Se $a = -2$, então **m** é um número real;

(III) Se $a = 2$, então $m = n$.

Podemos afirmar que são incorretas a(s) afirmação(ões):

a) I e II. **b)** II e III. **c)** I e III. **d)** I, II e III. **e)** I.

203. (PUC-SP) Em relação ao número complexo $z = i^{87} \cdot \left(i^{105} + \sqrt{3}\right)$ é correto afirmar que:

a) sua imagem pertence ao 3º quadrante do plano complexo.

b) é imaginário puro.

c) o módulo de **z** é igual a 4.

d) seu argumento é igual ao argumento do número complexo $v = \frac{1}{2} - \frac{\sqrt{3}}{2}i$.

204. (UFSC) Em circuitos elétricos como, por exemplo, o das instalações residenciais, as grandezas elétricas são analisadas com o auxílio dos números complexos. A relação $U = Z \cdot j$ fornece a tensão U em função da impedância Z e da corrente elétrica **j**. Nesses termos, essas variáveis são expressas através de números complexos $a + bi$. Considere agora $U = 110(\cos 0° + i \operatorname{sen} 0°)$ e $Z = 5 + 5i$. Determine o valor da expressão $2a + b$, sendo $j = a + bi$.

205. A quarta potência de um número natural somada ao dobro da terceira potência desse número e subtraída do triplo da segunda potência dele resulta em oito vezes o sucessor desse número menos quatro. Sabendo que -1 é raiz dupla do polinômio obtido, podemos afirmar que esse número é:

a) -1 e -2. **b)** -2, -1 e 2. **c)** 2. **d)** -1. **e)** -2.

206. Para verificar a aprendizagem dos alunos, um professor lançou o seguinte problema: O polinômio $x^3 + ax^2 + c$ é divisível por $x + 3$, $x + 1$ e $x - 2$. Determine o valor de $c - a$.
Muito esperto, Luís pronta e corretamente respondeu:

a) 8. **b)** 2. **c)** -4. **d)** -6. **e)** -8.

207. (UFSM-RS) O lixo ainda é um dos principais desafios dos governos na área de gestão sustentável. Na última década, o Brasil deu um salto importante no avanço para a gestão correta dos resíduos sólidos. O gráfico mostra dados do Ministério do Meio Ambiente sobre o número de programas de coleta seletiva, em 2000 e 2008.
Supõe-se que o número de programas de coleta seletiva é expresso por $f(x) = ax^3 - x^2 + 12x + b$; $a, b \in \mathbb{R}$, em que $\mathbf{x}$ é o tempo em anos, $x = 0$ corresponde a 2000, $x = 1$ corresponde a 2001 e assim por diante. De acordo com esse modelo, o número de programas de coleta seletiva em 2012 é igual a:

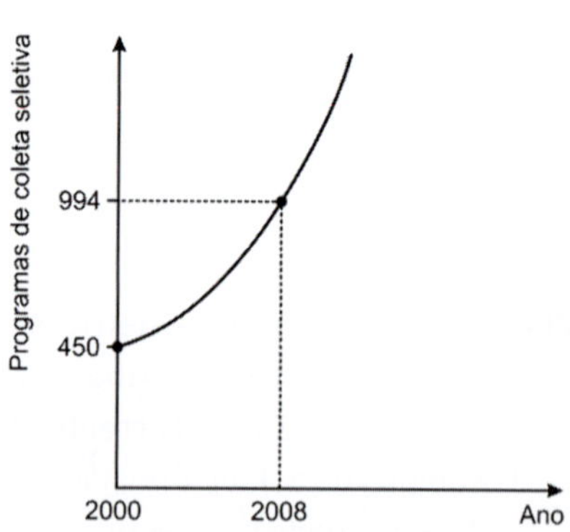

a) 1538. **b)** 1728. **c)** 1858. **d)** 2178. **e)** 2228.

RESPOSTAS

UNIDADE 1 NÚMEROS E FUNÇÕES

CAPÍTULO 1 ▪ REVISÃO

1. b
2. a
3. b
4. a
5. b
6. a
7. c

CAPÍTULO 2 ▪ CONJUNTOS E CONJUNTOS NUMÉRICOS

8. a
9. c
10. a
11. c
12. 12
13. d
14. d
15. c
16. F V V F
17. c

CAPÍTULO 3 ▪ FUNÇÕES

18. c
19. b
20. c
21. b
22. d

UNIDADE 2 FUNÇÃO AFIM E FUNÇÃO QUADRÁTICA

CAPÍTULO 4 ▪ FUNÇÃO AFIM

23. b
24. d
25. b
26. b
27. a
28. b
29. b
30. d
31. a
32. b

CAPÍTULO 5 ▪ FUNÇÃO QUADRÁTICA

33. c
34. e
35. c
36. b
37. b
38. c
39. a
40. c
41. b
42. b
43. d

UNIDADE 3 FUNÇÃO EXPONENCIAL E FUNÇÃO LOGARÍTMICA

CAPÍTULO 6 ▪ FUNÇÃO EXPONENCIAL

44. e
45. d
46. d
47. a
48. b
49. c

CAPÍTULO 7 ▪ LOGARITIMO E FUNÇÃO LOGARÍTMICA

50. c
51. d
52. a
53. a) 400 mg/L b) $a = 1$ e $k = 200$
54. c
55. a
56. d

UNIDADE 4 PROGRESSÕES E MATEMÁTICA FINANCEIRA

CAPÍTULO 8 ▪ PROGRESSÕES

57. c
58. a
59. b
60. d
61. b
62. a
63. e
64. a
65. c
66. a
67. d
68. a
69. a
70. d
71. d

CAPÍTULO 9 ▪ MATEMÁTICA FINANCEIRA

72. a
73. c
74. c
75. b
76. d
77. b
78. a
79. a

UNIDADE 5 GEOMETRIA PLANA E TRIGONOMETRIA NO TRIÂNGULO RETÂNGULO

CAPÍTULO 10 ▪ GEOMETRIA PLANA

80. c
81. a
82. d
83. b

CAPÍTULO 11 ▪ TRIGONOMETRIA NO TRIÂNGULO RETÂNGULO

84. b
85. e
86. a
87. d
88. c
89. c
90. Demonstração.
91. $d = 168$ cm
92. $x = 20{,}4$ m

UNIDADE 6 TRIGONOMETRIA

CAPÍTULO 12 ▪ RESOLUÇÃO DE TRIÂNGULOS QUAISQUER

93. d
94. c
95. d
96. a
97. d
98. b
99. e

CAPÍTULO 13 ▪ CONCEITOS TRIGONOMÉTRICOS BÁSICOS

100. c
101. d

CAPÍTULO 14 ▪ TRANSFORMAÇÕES E RELAÇÕES TRIGONOMÉTRICAS

102. d
103. d
104. b
105. c
106. b

CAPÍTULO 15 • FUNÇÕES TRIGONOMÉTRICAS

107. b
108. c
109. b
110. c
111. b
112. a

UNIDADE 7 MATRIZES E SISTEMAS LINEARES

CAPÍTULO 16 • MATRIZES E DETERMINANTES

113. d
114. b
115. a

116. $C^{-1} = \begin{bmatrix} -2 & 1 \\ \frac{3}{2} & -\frac{1}{2} \end{bmatrix}$

117. $\begin{bmatrix} 40 \\ 35 \\ 29 \\ 27 \\ 25 \\ 22 \\ 21 \\ 18 \\ 16 \\ 11 \end{bmatrix}_{10 \times 1}$

118. e
119. 16
120. $\frac{13}{6}$

CAPÍTULO 17 • SISTEMAS LINEARES

121. a
122. e
123. c
124. e
125. e
126. b
127. R$ 9,00
128. e
129. b

UNIDADE 8 GEOMETRIA PLANA E GEOMETRIA ESPACIAL

CAPÍTULO 18 • GEOMETRIA PLANA: ÁREAS

130. a
131. c

CAPÍTULO 19 • GEOMETRIA ESPACIAL: UMA INTRODUÇÃO INTUITIVA

132. a
133. c
134. b
135. a
136. e
137. d
138. d
139. d
140. b
141. F V V F

UNIDADE 9 POLIEDROS E CORPOS REDONDOS

CAPÍTULO 20 • POLIEDROS: PRISMAS E PIRÂMIDES

142. b
143. d
144. a
145. b
146. c
147. e
148. e

CAPÍTULO 21 • CORPOS REDONDOS: CILINDRO, CONE E ESFERA

149. c
150. b
151. a
152. d
153. d
154. d
155. b
156. a

UNIDADE 10 ANÁLISE COMBINATÓRIA E PROBABILIDADE

CAPÍTULO 22 • ANÁLISE COMBINATÓRIA

157. e
158. e
159. d
160. b
161. e
162. e
163. e
164. c
165. d
166. b
167. c

CAPÍTULO 23 • PROBABILIDADE

168. c
169. d
170. c
171. e
172. a
173. c
174. e
175. d
176. c
177. a
178. a

UNIDADE 11 GEOMETRIA ANALÍTICA

CAPÍTULO 24 • GEOMETRIA ANALÍTICA: PONTO E RETA

179. d
180. d
181. d
182. d

CAPÍTULO 25 • GEOMETRIA ANALÍTICA: A CIRCUNFERÊNCIA

183. $G(1, 0)$ e $x^2 + 2x + y^2 = 0$
184. a
185. b
186. a
187. c

CAPÍTULO 26 • GEOMETRIA ANALÍTICA: CÔNICAS

188. e
189. d
190. c
191. 0,24
192. d

UNIDADE 12 ESTATÍSTICA, NÚMEROS COMPLEXOS E POLINÔMIOS

CAPÍTULO 27 • ESTATÍSTICA

193. b
194. c
195. b
196. d
197. b
198. c

CAPÍTULO 28 • NÚMEROS COMPLEXOS

199. b
200. b
201. d
202. b
203. d
204. 11

CAPÍTULO 29 • POLINÔMIOS

205. c
206. e
207. d